JN085101

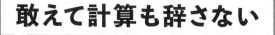
敢えて計算も辞さない

思考力・判断力・表現力トレーニング

数学BC

まえがき

　これからの数学で重要になるキーワードは？

　「活用」である.

　数学が,定量的なものから定性的なものに変わる,とも言えるかも知れない.厳密な論証による正しい数学が不要になるわけではないが,実用面では納得できる説明ができれば十分であることも多い.

　本質的な数学理解に基づく定性的なアプローチ.

　本書で最も重視している視点である.教科書に書かれた内容,特に定義の確認を丁寧に扱うようにしている.

　「解法を定着させる」というこれまでの数学参考書・問題集とはまったく違う思想に基づいて本書は作られている.網羅的な勉強をするのには全く向かないから,他の参考書・問題集を使用していただきたい.「活用」をキーワードに,「難しくはないが答えにくい問題」を取り上げている.表面的な問題ではなく,数学を深く理解し,正しくイメージできていないと考えられない問題ばかりである.人によっては,すごく難しく(または,易しく)感じるかも知れない.

　正しいイメージとは何だろう.
　数学を表現するのには「数式」「日本語」「図」という3つの形態がある.それらを自由に行き来しながら概念を正確にイメージでき,言語化できることが必要になる.また,一般的な解法のみに頼るのではなく,個別の問題に対して最適な解法を選択することも必要になる.問題の個性を感じ取り,必要な情報のみを抽出するのである.

問題と解答を 1 対 1 対応させるような「知識・技能」重視の数学教育は終わりを迎える．また，数学的厳密性を重視し過ぎて生徒を置き去りにすることも許されない．生きていくための「思考力・判断力・表現力」の育成を意識しなければならない．その流れは

【題意を明確化，論点を抽出】
↓
【議論に必要な情報収集】
↓
【正しい推論，論証】

である．「基本解法の中から使えるものを探す」というこれまでの数学とは頭の使い方が違う．道具頼りのこれまでの数学ではなく，工夫することが必要になるような数学である．ずる賢さも求められる．問題を型にはめるのではなく，問題に合う型を自ら作り出す．

　新しい時代に向けて，そんな問題集を作りたい．

　それが本シリーズに込めた思いである．
　既存問題集にあるような問題は掲載していない．正しい知識があれば思考・判断・表現できるように問題を作っている．困ったときは，参考書よりは教科書を参照すると良いだろう．

　各章は，基本概念の列挙，問題，解答解説からなる．問題は 1 人で考えても良いし，仲間と一緒に考えても良い．解答解説を見る前に，あぁだこぉだと考えてもらいたい．解答解説に先立って問題を考えるためのヒントを挙げているものもあるので，そちらも参照しながら考えてもらいたい．そうして確認のために解答解説を読んでもらいたい．

「答えを見て丸暗記」という使い方はしないでもらいたい．「どうしてこんな風に考えるのか？」「自分はどうやったらこう考えられるか？」と自問自答してもらいたい．そのヒントとなるように，解説は思考部分を重視している．

数学を道具として，また現象として，正しくイメージできるようになってもらいたい．身に付けてもらいたいイメージについてもできるだけ詳しく解説する．特に数学 B，数学 C は理論が難しかったり，計算手法が複雑だったりで，知識・技能の習得で苦労するかも知れない．だからこそ，確固としたイメージを掴み，正しいかどうかを自分で「判断」できるようになってもらいたい．

これまでも本シリーズは"共通テスト対策"を謳ってはいないが，特に本書はそうである．これまではアンチ計算のタイトルであったが，今回は，敢えて計算も辞さない．必要に応じて，数学Ⅲの極限・微分・積分も使っていく．そうしないと見えない部分まで踏み込みたいからである．文系諸氏にとってはかなり高度な内容も含まれることをお伝えしておく．

高校生にとって新しい数学は，定期テストでさえ暗記で乗り切れないから，既存の感覚では苦しいものになるかも知れない．しかし，自分で考える自由度が増し，楽しさを感じることができるものになる．

勉強はつらい反復だけではなく，問題を自分で解決する楽しいものでもある．本書を通じてそれを感じてくれる人がいたら，この上ない喜びである．

数学を通じて「思考力・判断力・表現力」を磨いていこう！

吉田　信夫

目　次

1 数学BC-①：数列

数学 BC -①：「数列」で扱う概念は

□数列とその和

　・等差数列　・等比数列　・和の記号Σ

　・階差数列　・いろいろな数列の和

□数学的帰納法

　・漸化式　・数学的帰納法

である.

　数の並びの法則を扱うのが数列であるが，予想だけで済ますことができないのが高校数学での数列である. そのため，公式適用に終始したり，漸化式から一般項を求める種々の方法を暗記したり，パターン学習に陥りやすい.

　本章では，「数の並び」に真剣に取り組むような問題を用意している. 数列を体感していこう.

[問題 1-1]

初項が a で公差が d の等差数列 $\{a_n\}$ の初項から第 n 項までの和を S_n とおくと,

$$S_n = \frac{n(a_1 + a_n)}{2} = \frac{n\{2a + (n-1)d\}}{2}$$

である. このように書かれていると, 例えば, 等差数列

$$\{a_n\} : 2,\ 5,\ 8,\ 11,\ 14,\ \cdots\cdots$$

の第 20 項から第 100 項までの和を求めるとなると……『初項が 2, 公差が 3 で, 求める和は $S_{100} - S_{19}$ であるから……』となる.

(1) $S_{100} - S_{19}$ を計算して, 和を求めよ.

(2) 以下の空欄を埋めよ.

しかし, 等差数列の和の公式は, 決まった数列 $\{a_n\}$ に使うものだと考える必要はない.

$$a_{20},\ a_{21},\ \cdots\cdots,\ a_{100}$$

という $\boxed{\text{①}}$ 項からなる数列も, 等差数列である. こういうときにも使いやすくするには, 「言葉」で公式を記述しておくことも考えられる.

$$(\,\text{等差数列の和}\,) = \frac{(\,\text{項数}\,) \times (\,\text{初項} + \text{末項}\,)}{2}$$

このように捉えておくと, 『a_{20} と a_{100} を足して, 項数の①をかけて, 2 で割る』となる. 一般項は, 「x の係数が公差で, $x = 1$ で 2 になる 1 次式 $Ax + B$ の x に n を代入した形だから, $a_n = \boxed{\text{②}}\, n - \boxed{\text{③}}$」と求めておくことで,

$$a_{20} = \boxed{\text{④}}\ ,\ a_{100} = \boxed{\text{⑤}}$$

となって, 求める和は $\boxed{\text{⑥}}$ と分かる.

[問題 1-2]

n を自然数とする．平方根の整数部分が n になるような自然数の総和を求めよ．

[問題 1-3]

初項が a で公比が r ($r \neq 1$) の等比数列 $\{a_n\}$ の初項から第 n 項までの和を S_n とおくと，

$$S_n = \frac{a(1-r^n)}{1-r}$$

である．この公式を暗記するときは，分子の指数が n であることに注意しながら覚えるはずである．n になる理由は導出方法を見れば分かる：

$$S_n = a + ar + ar^2 + \cdots\cdots + ar^{n-1}$$
$$\underline{-) \quad rS_n = \quad\quad ar + ar^2 + \cdots\cdots + ar^{n-1} + ar^n}$$
$$(1-r)S_n = a \quad\quad\quad\quad\quad\quad\quad\quad\quad - ar^n$$

これを見ると，公式を次のように捉えることも有効だと分かる：

$$(\text{等比数列の和}) = \frac{(\text{初項}) - (\text{末項}) \times (\text{公比})}{1 - (\text{公比})}$$

項数が現れない形なのが使いやすい．これを利用して和を求めてみよう．

$$2 + 4 + 8 + 16 + 32 + 64 + 128 + 256 + 512 + 1024$$

を計算すると ① である．

3 進法の小数で

$$0.\,1010101010101_{(3)}$$

と表される数を，10 進法の分数として表すと ② である（3$^\bullet$ が残って良い）．

$N = 2^4 \cdot 3^3$ の正の約数の総和は ③ である．

$a_1 = 3$, $a_{n+1} = a_n + 2^n$ ($n = 1, 2, 3, \cdots\cdots$) で定義される数列 $\{a_n\}$ の第 n 項 a_n を n の式で表すと ④ である．

問題 1-4

n は自然数，p は $0 < p < \dfrac{1}{2}$ を満たす定数とする．$\displaystyle\sum_{k=0}^{n} p^k (1-p)^{n-k-1}$ を計算せよ．

問題 1-5

等差数列 $\{a_n\}$ の初項から第 n 項までの和を S_n $(n=1,\ 2,\ 3,\ \cdots\cdots)$ とすると，$S_{100} = 100$，$S_{200} = 400$ が成り立つという．等差数列の和の公式を用いることなく，次の問いについて考えてみよう．

(1) $\{a_n\}$ の公差を d とする．$S_{200} - S_{100}$ は，第 ① 項から第 ② 項までの和を表し，$S_{200} - S_{100} = S_{100} + $ ③ $\times d$ である．

(2) S_{400} の値を求めよ．

問題 1-6

等比数列 $\{a_n\}$ の初項から第 n 項までの和を S_n $(n=1,\ 2,\ 3,\ \cdots\cdots)$ とすると，$S_{100} = 100$，$S_{200} = 400$ が成り立つという．等比数列の和の公式を用いることなく，次の問いについて考えてみよう．

(1) $\{a_n\}$ の公比を r とする．$S_{200} - S_{100}$ は，第 ① 項から第 ② 項までの和を表し，$S_{200} - S_{100} = S_{100} \times r^{\boxed{③}}$ である．

(2) S_{400} の値を求めよ．

問題 1-7

任意の数列 $\{a_n\}$，$\{b_n\}$ について，すべての自然数 n について成り立つ公式であるものを，以下の中から選び，成り立つ理由を簡単に説明せよ．

また，任意の数列では成り立たないものについて，正しくない理由を簡単に説明し，例外的に成り立つような数列があればそのような例を挙げよ．

(1) $\displaystyle\sum_{k=1}^{n}(a_k + b_k) = \sum_{k=1}^{n}a_k + \sum_{k=1}^{n}b_k$　　(2) $\displaystyle\sum_{k=1}^{n}(a_k b_k) = \left(\sum_{k=1}^{n}a_k\right)\left(\sum_{k=1}^{n}b_k\right)$

(3) $\displaystyle\sum_{k=1}^{n}\left(\dfrac{1}{a_k}\right) = \dfrac{1}{\displaystyle\sum_{k=1}^{n}a_k}$　　(4) $\displaystyle\sum_{k=1}^{n}(ca_k) = c\sum_{k=1}^{n}a_k$ （c は定数）

問題 1-8

$S_n = \displaystyle\sum_{k=1}^{n} k \cdot 3^{k-1}$ を求めたい．通常は，$S_n - 3S_n$ が「等比数列の和」の公式を用いて計算できる形になることを利用する．いまは，違う方法を考えてみたい．「差」を利用する方法である．

$a_n = n \cdot 3^n - (n-1)3^{n-1}$ $(n = 1, 2, 3, \cdots\cdots)$ とおくと，

$$\sum_{k=1}^{n} a_k = \boxed{①}$$

である．また，

$$a_n = \boxed{②} \cdot 3^{n-1}$$

であるから，S_n は $\displaystyle\sum_{k=1}^{n} a_k$ を用いて計算することができて

$$S_n = \boxed{③}$$

である．

問題 1-9

$a_n = \dfrac{2^n}{n+1} - \dfrac{2^{n-1}}{n}$ $(n = 1, 2, 3, \cdots\cdots)$ で数列 $\{a_n\}$ を定める．通分して整理すると，$a_n = \dfrac{\left(\boxed{①}\right)2^{n-1}}{n(n+1)}$ である．

(1) $\displaystyle\sum_{k=1}^{n} a_k$ を求めよ．

(2) $\displaystyle\sum_{k=1}^{n} \dfrac{(k^2+4k-3)2^{k-1}}{k(k+1)}$ を求めよ．

問題 1-10

隣接する整数の積で表された数の数列は,「差」を利用して和を求めることができるものとして知られている. 例えば,

$$n(n+1)(n+2)-(n-1)n(n+1)$$
$$=3n(n+1)$$

を利用すると,

$$\sum_{k=1}^{n}k(k+1)$$
$$=\sum_{k=1}^{n}\frac{k(k+1)(k+2)-(k-1)k(k+1)}{3}$$
$$=\frac{n(n+1)(n+2)}{3}$$

と計算できる.

(1) この結果を利用して, $\sum_{k=1}^{n}k^2$ を求めよ.

(2) $\dfrac{n(n+1)(n+2)}{3\cdot2\cdot1}={}_{n+2}C_3$, $\dfrac{k(k+1)}{2\cdot1}={}_{k+1}C_2$ であるから, 上記の計算

結果は, 両辺を 2 で割ることにより

$$\sum_{k=1}^{n}{}_{k+1}C_2={}_{n+2}C_3\quad\cdots\cdots\quad(*)$$

と見ることができる. この計算の意味を説明したい.

「1 番から $n+2$ 番までの番号がある $n+2$ 人から 3 人を選ぶ選び方の総数」が右辺である. 左辺は, n 個の和になっているから,「n 種類の場合に分けている」と考えることができる. ${}_{k+1}C_2$ は「 ① 人から ② 人を選ぶ選び方の総数」であるから,「選ばれる 3 人のうちで番号が一番大きいのが ③ 番であるような選び方の総数」である. $k=1,\ 2,\ \cdots\cdots,\ n$ で重複はないから, $(*)$ が成り立つことが分かる.

問題 1-11

$\displaystyle\sum_{k=1}^{n} k^4$ は n の 5 次式で表されるはずである.これを計算するために,

$$\sum_{k=1}^{n} a_k = n^5 \quad (n = 1,\ 2,\ 3,\ \cdots\cdots)$$

となる数列 $\{a_n\}$ を考える.a_n を n の式で表せ.また,$\displaystyle\sum_{k=1}^{n} k^4$ を計算せよ.

問題 1-12

次を読んで，下の問いに答えよ．

$\sum_{k=1}^{n} k(n-k)$ を計算すると

$$n\sum_{k=1}^{n} k - \sum_{k=1}^{n} k^2 = n \cdot \frac{n(n+1)}{2} - \frac{n(n+1)(2n+1)}{6}$$
$$= \frac{n(n+1)(n-1)}{6}$$

である．これを S_n とおき，$\sum_{k=1}^{n} a_k = S_n$ $(n=1, 2, 3, \cdots\cdots)$ となる

数列 $\{a_n\}$ を考える．

$$a_1 = \frac{1 \cdot 2 \cdot 0}{6} = 0$$

$n \geqq 2$ のとき，

$$a_n = \frac{n(n+1)(n-1)}{6} - \frac{(n-1)n(n-2)}{6}$$
$$= \frac{n(n-1)}{2}$$

である．これに $n=1$ を代入すると a_1 と一致する．

すべての n で $\sum_{k=1}^{n} \frac{k(k-1)}{2} = \sum_{k=1}^{n} k(n-k)$ が成り立つから

$$\frac{k(k-1)}{2} = k(n-k) \ (k=1, 2, 3, \cdots\cdots)$$
$$k^2 - k = -2k^2 + 2nk$$
$$n = \frac{3k-1}{2}$$

が成り立つ．

最後の結論は間違っている．論証のどこからが間違っているかを述べ，

$\sum_{k=1}^{n} \frac{k(k-1)}{2}$ と $\sum_{k=1}^{n} k(n-k)$ の違いについて説明せよ．

問題 1-13

等差数列 $\{a_n\}$ の和について，漸化式

$$a_1 = a, \ a_{n+1} = a_n + d \ (n = 1, \ 2, \ 3, \ \cdots\cdots)$$

を利用して，変わった公式を作ってみよう．

漸化式の両辺に n をかけると，

$$na_{n+1} = na_n + dn \ (n = 1, \ 2, \ 3, \ \cdots\cdots)$$

となる．つまり，

$$a_2 = a_1 + d, \ 2a_3 = 2a_2 + 2d, \ 3a_4 = 3a_3 + 3d, \ \cdots\cdots$$

である．少し変形すると，

$$na_{n+1} - (n-1)a_n = a_n + dn \ (n = 1, \ 2, \ 3, \ \cdots\cdots)$$

である．

(1) $na_{n+1} - (n-1)a_n = 2a_n + d - a \ (n = 1, \ 2, \ 3, \ \cdots\cdots)$ が成り立つことを示せ．

(2)
$$\sum_{k=1}^{n} a_k = \frac{na_{n+1} - (d-a)n}{2} \ (n = 1, \ 2, \ 3, \ \cdots\cdots)$$

という公式を作ることができることを示せ．

(3) (2)の公式を利用して，正の奇数を小さい方から順に 100 個足した和の値を求めよ．

問題 1-14

等差数列 $\{a_n\}$ の和について，漸化式

$$a_1 = a, \ a_{n+1} = a_n + d \ (n = 1, \ 2, \ 3, \ \cdots\cdots)$$

を利用して，変わった公式を作ってみよう．ただし，d は 0 でないものとする．

(1) 漸化式を利用して，

$$a_n = \frac{(a_{n+1})^2 - (a_n)^2}{2d} - \frac{d}{2} \ (n = 1, \ 2, \ 3\cdots\cdots)$$

が成り立つことを示せ．

(2) (1)を利用して，和の公式を作れ．

(3) (2)の公式を利用して，正の奇数を小さい方から順に 100 個足した和の値を求めよ．

問題 1-15

(1) 等比数列 $\{a_n\}$ を

$$a_1 = a,\ a_{n+1} = ra_n\ (n = 1,\ 2,\ 3,\ \cdots\cdots)$$

で定める．ただし，r は 1 ではないものとする．

$a_{n+1} - a_n$ を r，a_n の式で表せ．また，$\displaystyle\sum_{k=1}^{n} a_k = \dfrac{a_{n+1} - a}{r - 1}$ を示せ．

(2) 一般項が $b_n = n \cdot 2^{n-1}$ で表される数列 $\{b_n\}$ は，

$$b_1 = 1,\ b_{n+1} = 2b_n + 2^n\ (n = 1,\ 2,\ 3,\ \cdots\cdots)$$

で定まることを，数学的帰納法で示せ．また，$b_{n+1} - b_n$ を b_n，n の式で

表すことで，$\displaystyle\sum_{k=1}^{n} b_k$ を求めよ．

(3) 一般項が $c_n = (2n - 1)3^{n-1}$ で表される数列 $\{c_n\}$ において，c_{n+1} を

c_n，n を用いて表せ．また，$c_{n+1} - c_n$ を利用して，$\displaystyle\sum_{k=1}^{n} c_k$ を求めよ．

問題 1-16

$$a_1 = 1,\ a_2 = 1,\ a_{n+2} = a_{n+1} + a_n\ (n = 1,\ 2,\ 3,\ \cdots\cdots)$$

で定められた数列

$$\{a_n\} : 1,\ 1,\ 2,\ 3,\ 5,\ 8,\ 13,\ 21,\ \cdots\cdots$$

はフィボナッチ数列と呼ばれ，一般項は $a_n = \dfrac{\beta^n - \alpha^n}{\sqrt{5}}$ である．ただし，

$\beta = \dfrac{1 + \sqrt{5}}{2}$，$\alpha = \dfrac{1 - \sqrt{5}}{2}$ である．

(1) $\displaystyle\sum_{k=1}^{n} a_k = a_{n+2} - 1$ が成り立つことを示せ．

(2) 偶数番目の項を順に n 個足した和について，$\displaystyle\sum_{m=1}^{n} a_{2m} = a_{2n+1} - 1$ が成

り立つことを示せ．

問題 1-17

等比数列 $\{a_n\}$: 1, 2, 4, 8, 16, …… が満たす関係式として適するものを次からすべて選べ.

⓪ $a_{n+2} = 4a_{n+1} - 4a_n$ $(n = 1, 2, 3, ……)$

① $a_{n+2} = 3a_{n+1} - 2a_n$ $(n = 1, 2, 3, ……)$

② $a_{n+1} = 3a_n - 2^{n-1}$ $(n = 1, 2, 3, ……)$

問題 1-18

漸化式

$$a_{n+2} = 5a_{n+1} - 6a_n \quad (n = 1, 2, 3, ……) \quad …… \quad ①$$

について考える.

(1) 一般項が次で表される数列のうちで ① を満たすものをすべて選べ.

⓪ $a_n = 2^{n-1}$ ① $a_n = 3^{n-1}$

② $a_n = 6^n$ ③ $a_n = 3^n - 2^n$

(2) ① を満たす数列は無数に存在する. 3 項間漸化式だから, a_1, a_2 が与えられたらすべての項が定まる.

実数 s, t を用いて $a_n = s \cdot 3^{n-1} + t \cdot 2^{n-1}$ $(n = 1, 2, 3, ……)$ と表される数列 $\{a_n\}$ は, s, t によらず ① を満たすことを示せ.

(3) $a_1 = 2$, $a_2 = 5$ および ① を満たす数列 $\{a_n\}$ の一般項を求めよ.

問題 1-19

(1)
$$a_{n+1} = 4a_n - 3 \quad (n = 1, \ 2, \ 3, \ \cdots\cdots)$$

で定義される数列 $\{a_n\}$ について考える.

1）$\{a_n\}$ が定数数列になるような初項 $a_1 = a$ の値を求めよ.

2）$a_1 = 2$ とする.

$$\{a_n\} : 2, \ 5, \ 17, \ 65, \ 257, \ \cdots\cdots$$

である．1）の a について，$b_n = a_n - a$ で数列 $\{b_n\}$ を定めると，等比数列である．b_{n+1} を b_n の式で表すことで，等比数列であることを示せ．また，b_1, b_2, b_3, b_4, b_5 を求め，等比数列であることを確認せよ．

(2) $x^2 + 3x + 2 = 0$ を解くと $x = -1, \ -2$ である.

$$a_{n+2} = -3a_{n+1} - 2a_n \quad (n = 1, \ 2, \ 3, \ \cdots\cdots)$$

で定義される数列 $\{a_n\}$ の一般項は $a_n = s \cdot (-1)^{n-1} + t \cdot (-2)^{n-1}$ という形で表される．では，

$$b_{n+2} = -3b_{n+1} - 2b_n + 12 \quad (n = 1, \ 2, \ 3, \ \cdots\cdots)$$

で定義される数列 $\{b_n\}$ の一般項はどうなるだろうか？

1）$b_1 = b_2 = b$ のときに $\{b_n\}$ が定数数列になるような b の値を求めよ．

2）$b_1 = 5$, $b_2 = -2$ のとき，一般項 b_n を求めよ．

問題 1-20

(1) $x = -2, \ 2, \ 3$ を解にもつ 3 次方程式で，x^3 の係数が 1 であるものを求めよ.

(2) 一般項が

$$a_n = (-2)^{n-1} + 2^{n-1} + 3^{n-1}$$

で表される数列 $\{a_n\}$ を定めるような漸化式を 1 つ求めよ.

問題 1-21

(1) $(A+B)(A-B-1)$ を展開せよ.

(2) 数列 $\{a_n\}$ は

$$(a_{n+1})^2-(a_n)^2=a_{n+1}+a_n \quad (n=1,\ 2,\ 3,\ \cdots\cdots)$$

を満たしているという. この条件を満たしているというだけでは，初項を決めても数列は1つには決まらない.

1) 条件の式から a_{n+1} を a_n の式で表すと，2通りの可能性がある.

$$a_{n+1}=-a_n \quad \text{または} \quad a_{n+1}=a_n+1$$

である. この意味として正しいのはどちらか？

  ⓪ $a_{n+1}=-a_n \ (n=1,\ 2,\ 3,\ \cdots\cdots)$

      または $\quad a_{n+1}=a_n+1 \ (n=1,\ 2,\ 3,\ \cdots\cdots)$

  ① $n=1,\ 2,\ 3,\ \cdots\cdots$ の各 n において

      $a_{n+1}=-a_n \quad \text{または} \quad a_{n+1}=a_n+1$

2) $a_1=1$ とする. a_3 としてあり得る値をすべて求めよ. また，a_{100} としてあり得る値の最大値と最小値を求めよ.

[問題 1-1]

初項が a で公差が d の等差数列 $\{a_n\}$ の初項から第 n 項までの和を S_n とおくと,

$$S_n = \frac{n(a_1 + a_n)}{2} = \frac{n\{2a + (n-1)d\}}{2}$$

である. このように書かれていると, 例えば, 等差数列

$$\{a_n\} : 2, \ 5, \ 8, \ 11, \ 14, \ \cdots\cdots$$

の第 20 項から第 100 項までの和を求めるとなると……『初項が 2, 公差が 3 で, 求める和は $S_{100} - S_{19}$ であるから……』となる.

(1) $S_{100} - S_{19}$ を計算して, 和を求めよ.

(2) 以下の空欄を埋めよ.

しかし, 等差数列の和の公式は, 決まった数列 $\{a_n\}$ に使うものだと考える必要はない.

$$a_{20}, \ a_{21}, \ \cdots\cdots, \ a_{100}$$

という □① 項からなる数列も, 等差数列である. こういうときにも使いやすくするには, 「言葉」で公式を記述しておくことも考えられる.

$$(\text{等差数列の和}) = \frac{(\text{項数}) \times (\text{初項} + \text{末項})}{2}$$

このように捉えておくと, 『a_{20} と a_{100} を足して, 項数の①をかけて, 2 で割る』となる. 一般項は, 「x の係数が公差で, $x=1$ で 2 になる 1 次式 $Ax + B$ の x に n を代入した形だから, $a_n = $ □② $n - $ □③ 」と求めておくことで,

$$a_{20} = \boxed{\text{④}} , \ a_{100} = \boxed{\text{⑤}}$$

となって, 求める和は □⑥ と分かる.

【ヒント】

公式の当てはめだけでなく, 意味を考えて活用していこう.

この観点がなかった人は, 改めて考えてみよう!

【解答・解説】

(1) $$S_{100} - S_{19} = \frac{100(4 + 99 \cdot 3)}{2} - \frac{19(4 + 18 \cdot 3)}{2}$$
$$= 15050 - 551 = 14499$$

(2) $100 - 20 + 1 = 81$ で，81 項ある．

a_n は 1 次式に n を代入した $An + B$ という形で表され，A は公差の 3 である．$a_1 = 2$ であるから

$$a_n = 3n - 1 \ (n = 1, 2, 3, \cdots\cdots)$$

である．

$$a_{20} = 59, \ a_{100} = 299$$

であるから，和は

$$\frac{81(59 + 299)}{2} = 81 \cdot 179 = 14499$$

■

※ 公式の原理を理解していれば当たり前の計算なのだが，公式の当てはめしかやっていないと目新しく感じるかもしれない．

　本章では，数列の普通の問題はできるだけ排除し，原理の理解を促すような問題を紹介していくようにする．

n を自然数とする．平方根の整数部分が n になるような自然数の総和を求めよ．

【ヒント】

　和の問題であるから，何を足すのかを考える．平方根がちょうど n になるのが n^2 で，$n+1$ になるのが $(n+1)^2$ である．その間に入る自然数を全部足していく．どのようにして足すかを考えよう．$\displaystyle\sum_{k=1}^{n}k=\frac{n(n+1)}{2}$ を利用するか？それとも，等差数列の和だから・・・

　この観点がなかった人は，改めて考えてみよう！

【解答・解説】

　平方根の整数部分が n になるのは，
$$n^2,\ n^2+1,\ \cdots\cdots,\ (n+1)^2-1$$
である．末項は n^2+2n であるから，項数は $2n+1$ である．これらは等差数列をなしているから，総和は

$$\frac{(2n+1)\{n^2+(n^2+2n)\}}{2}=n(n+1)(2n+1)$$

■

※　ヒントに書いた公式を用いるなら

$$\sum_{k=1}^{n^2+2n}k-\sum_{k=1}^{n^2-1}k=\frac{(n^2+2n)(n^2+2n+1)}{2}-\frac{(n^2-1)n^2}{2}$$
$$=\frac{n(n+1)}{2}\{(n+2)(n+1)-n(n-1)\}=n(n+1)(2n+1)$$

問題 1-3

初項が a で公比が r $(r \neq 1)$ の等比数列 $\{a_n\}$ の初項から第 n 項までの和を S_n とおくと,

$$S_n = \frac{a(1-r^n)}{1-r}$$

である. この公式を暗記するときは, 分子の指数が n であることに注意しながら覚えるはずである. n になる理由は導出方法を見れば分かる:

$$\begin{array}{rl} S_n = & a + ar + ar^2 + \cdots\cdots + ar^{n-1} \\ -)\quad rS_n = & \quad\ \ ar + ar^2 + \cdots\cdots + ar^{n-1} + ar^n \\ \hline (1-r)S_n = & a \qquad\qquad\qquad\qquad\qquad - ar^n \end{array}$$

これを見ると, 公式を次のように捉えることも有効だと分かる:

$$(\text{等比数列の和}) = \frac{(\text{初項}) - (\text{末項}) \times (\text{公比})}{1 - (\text{公比})}$$

項数が現れない形なのが使いやすい. これを利用して和を求めてみよう.

$$2 + 4 + 8 + 16 + 32 + 64 + 128 + 256 + 512 + 1024$$

を計算すると $\boxed{①}$ である.

3 進法の小数で

$$0.\,1010101010101_{(3)}$$

と表される数を, 10 進法の分数として表すと $\boxed{②}$ である ($3^\bullet$ が残って良い).

$N = 2^4 \cdot 3^3$ の正の約数の総和は $\boxed{③}$ である.

$a_1 = 3$, $a_{n+1} = a_n + 2^n$ $(n = 1,\ 2,\ 3,\ \cdots\cdots)$ で定義される数列 $\{a_n\}$ の第 n 項 a_n を n の式で表すと $\boxed{④}$ である.

【ヒント】

「項数を調べなくても和を求めることができる」というのは, 実用上, 便利である. 普段から活用してもらいたい.

この観点がなかった人は, 改めて考えてみよう!

【解答・解説】

$$① = \frac{2 - 1024 \cdot 2}{1 - 2} = 2046$$

である.

$$② = 0.\,1010101010101_{(3)}$$

$$= \frac{1}{3} + \frac{1}{3^3} + \frac{1}{3^5} + \frac{1}{3^7} + \frac{1}{3^9} + \frac{1}{3^{11}} + \frac{1}{3^{13}}$$

$$= \frac{\dfrac{1}{3} - \dfrac{1}{3^{13}} \cdot \dfrac{1}{9}}{1 - \dfrac{1}{9}} = \frac{3 - \dfrac{1}{3^{13}}}{8} = \frac{3^{14} - 1}{8 \cdot 3^{13}}$$

である.

$2^a \cdot 3^b$ $(0 \leqq a \leqq 4,\ 0 \leqq b \leqq 3)$ と表される整数の総和であるから,

$$③ = (1 + 2 + \cdots\cdots + 2^4)(1 + 3 + 3^2 + 3^3)$$

$$= \frac{1 - 2^4 \cdot 2}{1 - 2} \cdot \frac{1 - 3^3 \cdot 3}{1 - 3}$$

$$= 31 \cdot \frac{80}{2} = 1240$$

である.

$n \geqq 2$ のとき,

$$a_n = 3 + 2 + 2^2 + \cdots\cdots + 2^{n-1}$$

$$= 2 + (1 + 2 + 2^2 + \cdots\cdots + 2^{n-1})$$

$$= 2 + \frac{1 - 2^{n-1} \cdot 2}{1 - 2}$$

$$= 2^n + 1$$

である.$2^1 + 1 = 3 = a_1$ であるから,$n = 1$ でも成り立つ.よって,

$$④ = 2^n + 1$$

■

※　最後の計算では少し工夫をした.Σ を使って表示して計算するときは,

$k = 1$,$n - 1$ を代入して初項と末項を求めると良い.

$$a_n = 3 + \sum_{k=1}^{n-1} 2^k = 3 + \frac{2^1 - 2^{n-1} \cdot 2}{1 - 2} = 2^n + 1$$

問題 1-4

n は自然数，p は $0 < p < \dfrac{1}{2}$ を満たす定数とする．$\displaystyle\sum_{k=0}^{n} p^k(1-p)^{n-k-1}$ を計算せよ．

【ヒント】

k が1増えると $p^k(1-p)^{n-k-1}$ は $p(1-p)^{-1}$ 倍されるから，この和は，等比数列の和である．「公比と初項と末項が分かれば和が分かる」という前問の公式の形が有効であろう．

この観点がなかった人は，改めて考えてみよう！

【解答・解説】

公比，初項，末項はそれぞれ

$$\frac{p}{1-p},\ (1-p)^{n-1},\ \frac{p^n}{1-p}$$

である．公比が1ではないから，

$$\sum_{k=0}^{n} p^k(1-p)^{n-k-1} = \frac{(1-p)^{n-1} - \dfrac{p^n}{1-p} \cdot \dfrac{p}{1-p}}{1 - \dfrac{p}{1-p}}$$

$$= \frac{(1-p)^{n+1} - p^{n+1}}{(1-p)(1-2p)}$$

∎

※　この和は，足される部分に n が含まれ，1つの数列 $\{a_n\}$ に関する和

$$S_1 = a_1,\ S_2 = a_1 + a_2,\ S_3 = a_1 + a_2 + a_3,\ \cdots\cdots$$

ではない．実際，$n = 1,\ 2,\ 3,\ \cdots\cdots$ について，次のようになっている．

$$1 + \frac{p}{1-p},\ (1-p) + p + \frac{p^2}{1-p},$$

$$(1-p)^2 + p(1-p) + p^2 + \frac{p^3}{1-p},\ \cdots\cdots$$

問題 1-5

等差数列 $\{a_n\}$ の初項から第 n 項までの和を S_n ($n=1$, 2, 3, ……) とすると，$S_{100}=100$，$S_{200}=400$ が成り立つという．等差数列の和の公式を用いることなく，次の問いについて考えてみよう．

(1) $\{a_n\}$ の公差を d とする．$S_{200}-S_{100}$ は，第 ① 項から第 ② 項までの和を表し，$S_{200}-S_{100}=S_{100}+$ ③ $\times d$ である．

(2) S_{400} の値を求めよ．

【ヒント】

$a_{101}=a_1+100d$, ……, $a_{200}=a_{100}+100d$ である．これを利用して，和についての関係式を導こう．(2)では，(1)で得られた関係式を応用してみよう．100個ずつに分けると良い．

この観点がなかった人は，改めて考えてみよう！

【解答・解説】

(1)
$$S_{200}-S_{100}=\sum_{k=1}^{200}a_k-\sum_{k=1}^{100}a_k=\sum_{k=101}^{200}a_k$$

であるから，第 101 項から第 200 項までの和である．

$a_{101}=a_1+100d,$
$a_{102}=a_2+100d,$
……,
$a_{200}=a_{100}+100d$

であり，これら100個の両辺の和を計算することで

$$\sum_{k=101}^{200}a_k=\sum_{k=1}^{100}a_k+100d\times100$$
$$S_{200}-S_{100}=S_{100}+10000d$$

(2) 同様に，$S_{300}-S_{200}$，$S_{400}-S_{300}$ について考えることができる．

25

$$\boxed{a_1, \cdots, a_{100}} \boxed{a_{101}, \cdots, a_{200}} \boxed{a_{201}, \cdots, a_{300}} \boxed{a_{301}, \cdots, a_{400}}$$

$$S_{100} \qquad S_{200}-S_{100} \qquad S_{300}-S_{200} \qquad S_{400}-S_{300}$$

$$+10000d \qquad +10000d \qquad +10000d$$

$$S_{200}-S_{100}=300$$

$$300=100+10000d \qquad \therefore \quad 10000d=200$$

$$\therefore \quad S_{300}-S_{200}=300+200=500, \; S_{400}-S_{300}=500+200=700$$

であるから,

$$S_{400}=(a_1+\cdots+a_{100})+(a_{101}+\cdots+a_{200})$$
$$+(a_{201}+\cdots+a_{300})+(a_{301}+\cdots+a_{400})$$
$$=S_{100}+(S_{200}-S_{100})+(S_{300}-S_{200})+(S_{400}-S_{300})$$
$$=100+300+500+700$$
$$=1600$$

■

※　うまく区切ると，和を使って等差数列が作れるようである．例えば，この問題の等差数列で，S_{10000} を求めることも可能である．

$$S_{10000}=S_{100}+(S_{200}-S_{100})+(S_{300}-S_{200})+\cdots\cdots+(S_{10000}-S_{9900})$$
$$=100+300+500+\cdots\cdots+19900$$
$$=\frac{100(100+19900)}{2}=1000000$$

ここで，等差数列の和の部分について，少し補足しておこう．

10000 項を 100 個ごとの 100 ブロックに区切っているから，足している個数は 100 である．

等差数列の数値は，

$$S_{200}-S_{100}=300=200+100, \; S_{300}-S_{200}=500=300+200$$

という法則（和が「添字の和」と等しい）になっていることに気付くと，

$$S_{10000}-S_{9900}=10000+9900=19900$$

であることが分かる．等差数列だからこんなシンプルな法則が成り立つ，ということに注意しておく．

ちなみに，$\{a_n\}$ の初項は 0.01 で，公差は 0.02 である．また，(2) は 200 項ごとに分けて，$S_{400}-S_{200}=S_{200}+200\times200d$ としても良い．

等比数列 $\{a_n\}$ の初項から第 n 項までの和を S_n ($n=1,\ 2,\ 3,\ \cdots\cdots$) とすると，$S_{100}=100$, $S_{200}=400$ が成り立つという．等比数列の和の公式を用いることなく，次の問いについて考えてみよう．

(1) $\{a_n\}$ の公比を r とする．$S_{200}-S_{100}$ は，第 ① 項から第 ② 項までの和を表し，$S_{200}-S_{100}=S_{100}\times r^{\boxed{③}}$ である．

(2) S_{400} の値を求めよ．

【ヒント】

$a_{101}=a_1\times r^{100}$, $\cdots\cdots$, $a_{200}=a_{100}\times r^{100}$ である．これを利用して，和についての関係式を導こう．(2)では，(1)で得られた関係式を応用してみよう．100 個ずつに分けると良い．

この観点がなかった人は，改めて考えてみよう！

【解答・解説】

(1)
$$S_{200}-S_{100}=\sum_{k=1}^{200}a_k-\sum_{k=1}^{100}a_k=\sum_{k=101}^{200}a_k$$

であるから，第 101 項から第 200 項までの和である．

$$a_{101}=a_1\times r^{100},$$
$$a_{102}=a_2\times r^{100},$$
$$\cdots\cdots,$$
$$a_{200}=a_{100}\times r^{100}$$

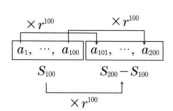

であり，これら 100 個の両辺の和を計算することで

$$\sum_{k=101}^{200}a_k=\sum_{k=1}^{100}(a_k\times r^{100})$$
$$S_{200}-S_{100}=S_{100}\times r^{100}$$

(2) 同様に，$S_{300}-S_{200}$, $S_{400}-S_{300}$ について考えることができる．

$$S_{200} - S_{100} = 300$$

$$300 = 100r^{100} \qquad \therefore \quad r^{100} = 3$$

$$\therefore \quad S_{300} - S_{200} = 300 \times 3 = 900, \ S_{400} - S_{300} = 900 \times 3 = 2700$$

であるから，

$$\begin{aligned}
S_{400} &= (a_1 + \cdots + a_{100}) + (a_{101} + \cdots + a_{200}) \\
&\quad + (a_{201} + \cdots + a_{300}) + (a_{301} + \cdots + a_{400}) \\
&= S_{100} + (S_{200} - S_{100}) + (S_{300} - S_{200}) + (S_{400} - S_{300}) \\
&= 100 + 300 + 900 + 2700 \\
&= 4000
\end{aligned}$$

■

※　うまく区切ると，和を使って等比数列が作れるようである．例えば，この問題の等比数列で，S_{10000} を求めることも可能である．

$$\begin{aligned}
S_{10000} &= S_{100} + (S_{200} - S_{100}) + (S_{300} - S_{200}) + \cdots\cdots + (S_{10000} - S_{9900}) \\
&= 100 + 300 + 900 + \cdots\cdots + 100 \cdot 3^{99} \\
&= 100 \cdot \frac{1 - 3^{99} \cdot 3}{1 - 3} = 50(3^{100} - 1)
\end{aligned}$$

ちなみに，$\{a_n\}$ の公比は，

$$r^{100} = 3 \qquad \therefore \quad r = \sqrt[100]{3} \ , \ -\sqrt[100]{3}$$

である．100 が偶数であるから，r が 1 つに決まらなかった．初項 a は

$$a \cdot \frac{1 - r^{100}}{1 - r} = 100 \qquad \therefore \quad a = \frac{r - 1}{3 - 1} \cdot 100 = 50(r - 1)$$

で，r によって異なる．

また，前問と同様，(2) は 200 項ごとに分けて，$S_{400} - S_{200} = S_{200} \times r^{200}$ としても良い．

任意の数列 $\{a_n\}$, $\{b_n\}$ について，すべての自然数 n について成り立つ公式であるものを，以下の中から選び，成り立つ理由を簡単に説明せよ．

また，任意の数列では成り立たないものについて，正しくない理由を簡単に説明し，例外的に成り立つような数列があればそのような例を挙げよ．

(1) $\displaystyle\sum_{k=1}^{n}(a_k+b_k)=\sum_{k=1}^{n}a_k+\sum_{k=1}^{n}b_k$　(2) $\displaystyle\sum_{k=1}^{n}(a_kb_k)=\Big(\sum_{k=1}^{n}a_k\Big)\Big(\sum_{k=1}^{n}b_k\Big)$

(3) $\displaystyle\sum_{k=1}^{n}\Big(\frac{1}{a_k}\Big)=\frac{1}{\displaystyle\sum_{k=1}^{n}a_k}$　(4) $\displaystyle\sum_{k=1}^{n}(ca_k)=c\sum_{k=1}^{n}a_k$（$c$ は定数）

【ヒント】

Σ を使って書かれていると，イメージが湧きにくいことがある．k に自然数を順に代入していき，足し算の形で書いてみると良い．

この観点がなかった人は，改めて考えてみよう！

【解答・解説】

(1) 正しい.

$$\sum_{k=1}^{n}(a_k+b_k)$$
$$=(a_1+b_1)+(a_2+b_2)+\cdots\cdots+(a_n+b_n)$$
$$=(a_1+a_2+\cdots\cdots+a_n)+(b_1+b_2+\cdots\cdots+b_n)$$
$$=\sum_{k=1}^{n}a_k+\sum_{k=1}^{n}b_k$$

(2) 正しくない.

$$\sum_{k=1}^{n}(a_kb_k)=\underline{(a_1b_1)+(a_2b_2)+\cdots\cdots+(a_nb_n)},$$
$$\Big(\sum_{k=1}^{n}a_k\Big)\Big(\sum_{k=1}^{n}b_k\Big)$$
$$=(a_1+a_2+\cdots\cdots+a_n)(b_1+b_2+\cdots\cdots+b_n)$$
$$=\underline{(a_1b_1)+(a_2b_2)+\cdots\cdots+(a_nb_n)}$$
$$\quad+a_1(b_2+\cdots\cdots+b_n)+\cdots\cdots+a_n(b_1+\cdots\cdots+b_{n-1})$$

正しくなるような例としては，例えば

1) $\{a_n\}$ は何でも良い，$\{b_n\}$ は $b_n=0$ $(n=1,\ 2,\ 3,\ \cdots\cdots)$

2) $\{a_n\}$ と $\{b_n\}$ はいずれも

$\qquad$ $1,\ 0,\ 0,\ 0,\ \cdots\cdots$ （第2項以降はすべて0）

(3) 正しくない．

$$\sum_{k=1}^{n}\left(\frac{1}{a_k}\right)=\frac{1}{a_1}+\frac{1}{a_2}+\cdots\cdots+\frac{1}{a_n},$$

$$\frac{1}{\displaystyle\sum_{k=1}^{n}a_k}=\frac{1}{a_1+a_2+\cdots\cdots+a_n}$$

これらが任意の n で等しくなる数列は存在しない．$n=2$ でも成り立つ例がないことを確認できれば十分である．つまり，

$$\frac{1}{a_1}+\frac{1}{a_2}=\frac{1}{a_1+a_2}\quad(a_1\neq0,\ a_2\neq0)$$

を満たす実数 $a_1,\ a_2$ が存在しないことを確認する．存在するとしたら，

$$(a_1+a_2)^2=a_1a_2$$

$$a_1{}^2+a_2{}^2+a_1a_2=0\qquad\therefore\quad\left(a_1+\frac{a_2}{2}\right)^2+\frac{3}{4}a_2{}^2=0$$

となるが，左辺は正であるから，不合理である．よって，存在しない．

(4) 正しい．

$$\sum_{k=1}^{n}(ca_k)=ca_1+ca_2+\cdots\cdots+ca_n$$

$$=c(a_1+a_2+\cdots\cdots+a_n)=c\sum_{k=1}^{n}a_k$$

$\blacksquare$

※ 誤答例：

$$\sum_{k=1}^{n}k2^{k-1}\neq\left(\sum_{k=1}^{n}k\right)\cdot\left(\sum_{k=1}^{n}2^{k-1}\right)=\frac{n(n+1)}{2}\cdot\frac{1-2^{n-1}\cdot2}{1-2}$$

$$\sum_{k=1}^{n}\frac{1}{k}\neq\frac{1}{\displaystyle\sum_{k=1}^{n}k}=\frac{2}{n(n+1)}$$

問題 1-8

$S_n = \sum_{k=1}^{n} k \cdot 3^{k-1}$ を求めたい．通常は，$S_n - 3S_n$ が「等比数列の和」の公式を用いて計算できる形になることを利用する．いまは，違う方法を考えてみたい．「差」を利用する方法である．

$a_n = n \cdot 3^n - (n-1)3^{n-1}$ $(n = 1, 2, 3, \cdots\cdots)$ とおくと，

$$\sum_{k=1}^{n} a_k = \boxed{①}$$

である．また，

$$a_n = \boxed{②} \cdot 3^{n-1}$$

であるから，S_n は $\sum_{k=1}^{n} a_k$ を用いて計算することができて

$$S_n = \boxed{③}$$

である．

【ヒント】

$a_n = f(n+1) - f(n)$ という形で表される数列 $\{a_n\}$ の和は，簡単に計算できる．部分分数分解によってこの形を作ることが多いが，それ以外のときにも同じように計算できる．さらに，

$$\sum_{k=1}^{n}(a_k + b_k) = \sum_{k=1}^{n} a_k + \sum_{k=1}^{n} b_k \ , \quad \sum_{k=1}^{n}(ca_k) = c\sum_{k=1}^{n} a_k$$

を用いると，和の計算結果が分かっている数列を利用して，別の和を考えることもできる．

　この観点がなかった人は，改めて考えてみよう！

【解答・解説】

$$\sum_{k=1}^{n} a_k = n \cdot 3^n - 0 = n \cdot 3^n$$

3^{n-1} でくくると

$$a_n = (3n - (n-1))3^{n-1}$$
$$= (2n+1)3^{n-1}$$

である. $n \cdot 3^{n-1} = \dfrac{a_n - 3^{n-1}}{2}$ であるから,

$$S_n = \sum_{k=1}^{n} \frac{a_k - 3^{k-1}}{2} = \frac{1}{2}\sum_{k=1}^{n} a_k - \frac{1}{2}\sum_{k=1}^{n} 3^{k-1}$$
$$= \frac{n}{2} \cdot 3^n - \frac{1}{2} \cdot \frac{1 - 3^{n-1} \cdot 3}{1-3}$$
$$= \frac{(2n-1)3^n + 1}{4}$$

■

※ 和を計算しやすい $a_n = n \cdot 3^n - (n-1)3^{n-1}$ を用いて, 考えたい数列を表した. a_n 以外の部分は等比数列になっていたから, 簡単に和を求めることができた.

さらに「差」を利用すると…

$$3^n - 3^{n-1} = 2 \cdot 3^{n-1}$$

であることを利用して, 等比数列の和を

$$\sum_{k=1}^{n} 3^{k-1} = \frac{1}{2}\sum_{k=1}^{n}(3^k - 3^{k-1})$$
$$= \frac{1}{2}(3^n - 1)$$

と求めることもできる.

$a_n = \dfrac{2^n}{n+1} - \dfrac{2^{n-1}}{n}$ $(n=1, 2, 3, \cdots\cdots)$ で数列 $\{a_n\}$ を定める. 通分して

整理すると, $a_n = \dfrac{\left(\boxed{①}\right)2^{n-1}}{n(n+1)}$ である.

(1) $\displaystyle\sum_{k=1}^{n} a_k$ を求めよ.

(2) $\displaystyle\sum_{k=1}^{n} \dfrac{(k^2+4k-3)2^{k-1}}{k(k+1)}$ を求めよ.

【ヒント】

a_n は差 $f(n+1)-f(n)$ の形で表されていて, 和を計算することは易しい. (2) の数列は, ふつうに和を計算できるようなものではない. a_n をどのように使うのか, という点を中心に考えていきたい. k^2+4k-3 を分母の $k(k+1)$ で割るとどうなるだろうか.

この観点がなかった人は, 改めて考えてみよう!

【解答・解説】

$$a_n = \frac{n2^n - (n+1)2^{n-1}}{n(n+1)} = \frac{\{2n-(n+1)\}2^{n-1}}{n(n+1)} = \frac{(n-1)2^{n-1}}{n(n+1)}$$

(1) $\displaystyle\sum_{k=1}^{n} a_k = \sum_{k=1}^{n}\left(\frac{2^k}{k+1} - \frac{2^{k-1}}{k}\right) = \frac{2^n}{n+1} - 1$

(2) $k^2+4k-3 = k(k+1)+3(k-1)$ であるから,

$$\sum_{k=1}^{n} \frac{(k^2+4k-3)2^{k-1}}{k(k+1)} = \sum_{k=1}^{n}\left(2^{k-1} + 3\frac{(k-1)2^{k-1}}{k(k+1)}\right)$$

$$= \frac{1-2^{n-1}\cdot 2}{1-2} + 3\sum_{k=1}^{n} a_k = 2^n - 1 + 3\left(\frac{2^n}{n+1} - 1\right)$$

$$= \frac{(n+4)2^n}{n+1} - 4$$

■

|問題 1-10|

隣接する整数の積で表された数の数列は,「差」を利用して和を求めることができるものとして知られている. 例えば,

$$n(n+1)(n+2)-(n-1)n(n+1)$$
$$=3n(n+1)$$

を利用すると,

$$\sum_{k=1}^{n} k(k+1)$$
$$=\sum_{k=1}^{n} \frac{k(k+1)(k+2)-(k-1)k(k+1)}{3}$$
$$=\frac{n(n+1)(n+2)}{3}$$

と計算できる.

(1) この結果を利用して, $\displaystyle\sum_{k=1}^{n} k^2$ を求めよ.

(2) $\dfrac{n(n+1)(n+2)}{3\cdot 2\cdot 1}={}_{n+2}\mathrm{C}_3$, $\dfrac{k(k+1)}{2\cdot 1}={}_{k+1}\mathrm{C}_2$ であるから, 上記の計算結果は, 両辺を 2 で割ることにより

$$\sum_{k=1}^{n} {}_{k+1}\mathrm{C}_2 = {}_{n+2}\mathrm{C}_3 \quad\cdots\cdots\quad (*)$$

と見ることができる. この計算の意味を説明したい.

「1 番から $n+2$ 番までの番号がある $n+2$ 人から 3 人を選ぶ選び方の総数」が右辺である. 左辺は, n 個の和になっているから,「n 種類の場合に分けている」と考えることができる. ${}_{k+1}\mathrm{C}_2$ は「 ① 人から ② 人を選ぶ選び方の総数」であるから,「選ばれる 3 人のうちで番号が一番大きいのが ③ 番であるような選び方の総数」である. $k=1, 2, \cdots\cdots, n$ で重複はないから, $(*)$ が成り立つことが分かる.

34

【ヒント】

(1)は，和の計算結果が分かっているものを使って，考えたいものを表すことを考えよう．

(2)では，「言い換え」によって和を考えるという方法である．「意味」をよく考えてみよう．

この観点がなかった人は，改めて考えてみよう！

【解答・解説】

(1) $k^2 = (k^2 + k) - k$ である．与えられた計算結果から

$$\sum_{k=1}^{n} k^2 = \sum_{k=1}^{n} (k(k+1) - k) = \sum_{k=1}^{n} k(k+1) - \sum_{k=1}^{n} k$$

$$= \frac{n(n+1)(n+2)}{3} - \frac{n(n+1)}{2}$$

$$= \frac{n(n+1)\{2(n+2) - 3\}}{6}$$

$$= \frac{n(n+1)(2n+1)}{6}$$

(2) $$\sum_{k=1}^{n} {}_{k+1}\mathrm{C}_2 = {}_{n+2}\mathrm{C}_3 \quad \cdots\cdots \quad (*)$$

の右辺は「1番から $n+2$ 番までの番号がある $n+2$ 人から3人を選ぶ選び方の総数」である． ${}_{k+1}\mathrm{C}_2$ $(k = 1, 2, \cdots\cdots, n)$ は「$k+1$ 人から2人を選ぶ選び方の総数」であるから，「選ばれる3人のうちで番号が一番大きいのが $k+2$ 番であるような選び方の総数」である．重複はないから，$(*)$ が成り立つことが分かる．

∎

※ このように「選び方」との対応を考えると，和の計算結果に解釈を与えることができると同時に，和を計算できることもある．

$\displaystyle\sum_{k=1}^{n}k^4$ は n の 5 次式で表されるはずである．これを計算するために，

$$\sum_{k=1}^{n}a_k = n^5 \ (n=1,\ 2,\ 3,\ \cdots\cdots)$$

となる数列 $\{a_n\}$ を考える．a_n を n の式で表せ．また，$\displaystyle\sum_{k=1}^{n}k^4$ を計算せよ．

【ヒント】

$S_n = n^5$ に対して，$a_1 = S_1$ であり，$n \geqq 2$ のとき $a_n = S_n - S_{n-1}$ である．"$S_0 = 0$" であるから，$n \geqq 1$ で $a_n = S_n - S_{n-1}$ が適用でき，a_n は 1 つの式で表されるはずである．その式は 4 次式になるはずで，$\displaystyle\sum_{k=1}^{n}k^4$ を計算する助けになるであろう．

この観点がなかった人は，改めて考えてみよう！

【解答・解説】

$a_1 = 1^5 = 1$ で，$n \geqq 2$ のとき
$$a_n = n^5 - (n-1)^5 = 5n^4 - 10n^3 + 10n^2 - 5n + 1$$
$n = 1$ とすると $1^5 - 0^5 = 1$ となり，a_1 と一致する．よって，
$$a_n = 5n^4 - 10n^3 + 10n^2 - 5n + 1 \ (n=1,\ 2,\ 3,\ \cdots\cdots)$$
これを用いて

$$n^4 = \frac{a_n + 10n^3 - 10n^2 + 5n - 1}{5}$$

$$\therefore \ \sum_{k=1}^{n}k^4 = \sum_{k=1}^{n}\frac{a_k + 10k^3 - 10k^2 + 5k - 1}{5}$$

$$= \frac{n^5}{5} + 2 \cdot \frac{n^2(n+1)^2}{4}$$

$$\qquad - 2 \cdot \frac{n(n+1)(2n+1)}{6} + \frac{n(n+1)}{2} - \frac{n}{5}$$

$$= \frac{n^5 - n}{5} + \frac{n(n+1)\{3n(n+1) - 2(2n+1) + 3\}}{6}$$

$$= \frac{n(n+1)(n^3-n^2+n-1)}{5} + \frac{n(n+1)(3n^2-n+1)}{6}$$

$$= \frac{n(n+1)\{6(n^3-n^2+n-1)+5(3n^2-n+1)\}}{30}$$

$$= \frac{n(n+1)(6n^3+9n^2+n-1)}{30}$$

$$= \frac{n(n+1)(2n+1)(3n^2+3n-1)}{30}$$

∎

※　この問題での考え方を使えば，一般に，自然数 a に対して $\displaystyle\sum_{k=1}^{n} k^a$ を計算すると n の $a+1$ 次式になることが分かる．

本問では，n^5 の係数は $\dfrac{1}{5}$ で，

$$\int x^4\,dx = \frac{1}{5}x^5 + C$$

との類似が感じられる．

一般に，自然数 a に対して $\displaystyle\sum_{k=1}^{n} k^a$ を計算すると n の $a+1$ 次式になると前述したが，n^{a+1} の係数は，いくらになるだろう？

$\displaystyle\sum_{k=1}^{n} a_k = n^{a+1}$ $(n=1,\ 2,\ 3,\ \cdots\cdots)$ となる数列 $\{a_n\}$ は，

$$a_n = n^{a+1} - (n-1)^{a+1} = (a+1)n^a + (n \text{ の } a-1 \text{ 次式})$$

である（$n=1$，$n \geqq 2$ の確認などは省略）．ここで二項定理を用いた．

$$n^a = \frac{a_n}{a+1} + (n \text{ の } a-1 \text{ 次式})$$

より，

$$\sum_{k=1}^{n} k^a = \sum_{k=1}^{n} \frac{a_k}{a+1} + \sum_{k=1}^{n} (k \text{ の } a-1 \text{ 次式})$$

$$= \frac{n^{a+1}}{a+1} + (n \text{ の } a \text{ 次式})$$

である．予想通り，積分との類似性が感じられる結果となった．

※　和の計算結果の“雰囲気”がある程度分かっていたら，それを利用して和を求めることができる．本問でいうと，「和が5次式になる」と分かっているから，和が n^5 になる数列 $\{a_n\}$ を考えた．「シンプルな形の和」になる数列を利用したのである．

その際，「$S_n = \displaystyle\sum_{k=1}^{n} a_k$ $(n = 1, \ 2, \ 3, \ \cdots\cdots)$ とすると，

$a_1 = S_1$ であり，$n \geqq 2$ のとき $a_n = S_n - S_{n-1}$」

を利用するが，注意しておきたい点がある．

$n = 1$ だけ別で考えるのは，S_0 が考えられないからであった．

しかし，式の値として，形式的に $n = 0$ として S_0 に相当するものを計算することはできる．

そして，$S_0 = 0$ になるときは，$n \geqq 2$ のときの a_n の式で a_1 も表される．しかし，$S_0 \neq 0$ のときは a_1 だけは例外的な扱いとなる（a_2 以降とまとめて1つの式では表示できない）．

今回は，和の計算結果が「n^5」となる $\{a_n\}$ を考えた．$n = 0$ のとき $0^5 = 0$ となるから，a_1 も含めて a_n は1つの式で表せたのである．

「シンプルな形の和」を自分で設定するときは，$S_0 = 0$ になるように注意しておこう．

※　和の数列 $\{S_n\}$ の一般項が求まる（S_n が n の式で表せる）ような数列 $\{a_n\}$ では，$a_n = S_n - S_{n-1}$ と表すことができる．原理的には，和を求めることができるものは，必ず，「差」に分ける方法で求めることができる．

ただし，和を計算する（S_n を n の式で表す）方法がない数列もあるから注意！

次を読んで，下の問いに答えよ．

$\sum_{k=1}^{n} k(n-k)$ を計算すると

$$n\sum_{k=1}^{n}k - \sum_{k=1}^{n}k^2 = n \cdot \frac{n(n+1)}{2} - \frac{n(n+1)(2n+1)}{6}$$
$$= \frac{n(n+1)(n-1)}{6}$$

である．これを S_n とおき，$\sum_{k=1}^{n}a_k = S_n$ $(n=1,\ 2,\ 3,\ \cdots\cdots)$ となる

数列 $\{a_n\}$ を考える．

$$a_1 = \frac{1 \cdot 2 \cdot 0}{6} = 0$$

$n \geqq 2$ のとき，

$$a_n = \frac{n(n+1)(n-1)}{6} - \frac{(n-1)n(n-2)}{6}$$
$$= \frac{n(n-1)}{2}$$

である．これに $n=1$ を代入すると a_1 と一致する．

すべての n で $\sum_{k=1}^{n}\frac{k(k-1)}{2} = \sum_{k=1}^{n}k(n-k)$ が成り立つから

$$\frac{k(k-1)}{2} = k(n-k)\ (k=1,\ 2,\ 3,\ \cdots\cdots)$$
$$k^2 - k = -2k^2 + 2nk$$
$$n = \frac{3k-1}{2}$$

が成り立つ．

最後の結論は間違っている．論証のどこからが間違っているかを述べ，

$\sum_{k=1}^{n}\frac{k(k-1)}{2}$ と $\sum_{k=1}^{n}k(n-k)$ の違いについて説明せよ．

【ヒント】

$S_n - S_{n-1}$ によって $\{a_n\}$ を求めることができるのは，$\sum_{k=1}^{n} a_k = S_n$ となっているときだけである．足される項に n は含まれていない．1 つの数列 $\{a_n\}$ について

$$S_1 = a_1,\ S_2 = a_1 + a_2,\ S_3 = a_1 + a_2 + a_3,\ \cdots\cdots$$

を考えているときである．

一方，$\sum_{k=1}^{n} k(n-k)$ は，足される項の中に変数 k だけでなく定数 n が含まれている．定数 n によって足されるものが変わる (**問題 1-4** も参照)．例えば，

$n = 2$ のとき，$1 \cdot 1 + 2 \cdot 0$

$n = 3$ のとき，$1 \cdot 2 + 2 \cdot 1 + 3 \cdot 0$

$n = 4$ のとき，$1 \cdot 3 + 2 \cdot 2 + 3 \cdot 1 + 4 \cdot 0$

この観点がなかった人は，改めて考えてみよう！

【解答・解説】

「すべての n で $\sum_{k=1}^{n} \dfrac{k(k-1)}{2} = \sum_{k=1}^{n} k(n-k)$ が成り立つ」までは正しいが，

「$\dfrac{k(k-1)}{2} = k(n-k)\ (k = 1,\ 2,\ 3,\ \cdots\cdots)$ 」が間違っている．

$\sum_{k=1}^{n} \dfrac{k(k-1)}{2}$ は 1 つの数列

$$\frac{1 \cdot 0}{2},\ \frac{2 \cdot 1}{2},\ \frac{3 \cdot 2}{2},\ \frac{4 \cdot 3}{2},\ \cdots\cdots$$

の初項から第 n 項までの和である．一方，$\sum_{k=1}^{n} k(n-k)$ は，n ごとに足される数が変化する．例えば，以下の通りである．

$$\sum_{k=1}^{1} k(1-k) = 1 \cdot 0,\ \sum_{k=1}^{2} k(2-k) = 1 \cdot 1 + 2 \cdot 0$$

$$\sum_{k=1}^{3} k(3-k) = 1 \cdot 2 + 2 \cdot 1 + 3 \cdot 0,\ \cdots\cdots$$

※ $\displaystyle\sum_{k=1}^{n}a_k=\sum_{k=1}^{n}b_k$ ($n=1,\ 2,\ 3,\ \cdots\cdots$) ならば $a_n=b_n$ ($n=1,\ 2,\ 3,\ \cdots\cdots$)

であるが, それは, a_k, b_k に n が含まれていないことが前提である.

※ 本問も選び方による解釈が可能である.

$$\sum_{k=1}^{n}\frac{k(k-1)}{2}=\sum_{k=1}^{n}k(n-k)=\frac{n(n+1)(n-1)}{6}$$

であった. 計算結果は

$$\frac{n(n+1)(n-1)}{6}={}_{n+1}\mathrm{C}_3$$

で, $n+1$ 人から 3 人を選ぶ選び方の総数である.

$\displaystyle\sum_{k=1}^{n}k(n-k)$ は, 「k 人から 1 人, $n-k$ 人から 1 人を選ぶ選び方」の和になっている. $n+1$ 人に $1\sim n+1$ の番号を付け, 3 人を選ぶことにして, 3 人のうち, 番号が真ん中の人が $k+1$ 番であるような選び方が, $k(n-k)$ 通りある. これらに重複はないから, 総和が ${}_{n+1}\mathrm{C}_3$ である.

$\displaystyle\sum_{k=1}^{n}\frac{k(k-1)}{2}$ は, $k=1$ のとき 0 だから, $k\geqq2$ についての ${}_k\mathrm{C}_2$ の和になっている. $n+1$ 人に $1\sim n+1$ の番号を付け, 3 人を選ぶことにして, 3 人のうち, 番号が最大の人が $k+1$ であるような選び方が, ${}_k\mathrm{C}_2$ 通りある. これらに重複はないから, 総和が ${}_{n+1}\mathrm{C}_3$ である.

このように, 2 つの和は, まったく違う考え方で ${}_{n+1}\mathrm{C}_3$ を和の形で書いており, 足されているものが各 k で一致しているわけではない. 足されるものが「k だけの式」のものと, 「n と k の式」で書かれたものの違いがあることに注意しなければならない.

[問題 1-13]

　等差数列 $\{a_n\}$ の和について，漸化式

$$a_1 = a, \quad a_{n+1} = a_n + d \quad (n = 1, 2, 3, \cdots\cdots)$$

を利用して，変わった公式を作ってみよう．

　漸化式の両辺に n をかけると，

$$na_{n+1} = na_n + dn \quad (n = 1, 2, 3, \cdots\cdots)$$

となる．つまり，

$$a_2 = a_1 + d, \quad 2a_3 = 2a_2 + 2d, \quad 3a_4 = 3a_3 + 3d, \quad \cdots\cdots$$

である．少し変形すると，

$$na_{n+1} - (n-1)a_n = a_n + dn \quad (n = 1, 2, 3, \cdots\cdots)$$

である．

(1)　$na_{n+1} - (n-1)a_n = 2a_n + d - a \quad (n = 1, 2, 3, \cdots\cdots)$ が成り立つことを示せ．

(2)　
$$\sum_{k=1}^{n} a_k = \frac{na_{n+1} - (d-a)n}{2} \quad (n = 1, 2, 3, \cdots\cdots)$$

という公式を作ることができることを示せ．

(3)　(2)の公式を利用して，正の奇数を小さい方から順に 100 個足した和の値を求めよ．

【ヒント】

　一般項は $a_n = dn + a - d$ である．(2)は，a_n を $f(n+1) - f(n)$ という形の差で表すことで和を計算できるという考え方を使ってみよう．

　この観点がなかった人は，改めて考えてみよう！

【解答・解説】

(1)　漸化式から得られた

$$na_{n+1} - (n-1)a_n = a_n + dn \quad (n = 1, 2, 3, \cdots\cdots)$$

に一般項 $a_n = dn + a - d$ から得られる

$$dn = a_n + d - a$$

を代入することで，

$$na_{n+1} - (n-1)a_n = 2a_n + d - a \quad (n = 1, \ 2, \ 3, \ \cdots\cdots)$$

が成り立つ．

(2) (1) で示した等式の左辺は $f(n+1) - f(n)$ の形である．

$$a_n = \frac{na_{n+1} - (n-1)a_n}{2} - \frac{d-a}{2}$$

が成り立つから，

$$\sum_{k=1}^{n} a_k$$

$$= \sum_{k=1}^{n} \left(\frac{ka_{k+1} - (k-1)a_k}{2} - \frac{d-a}{2} \right)$$

$$= \frac{na_{n+1} - (d-a)n}{2}$$

$$\begin{aligned}
&1 \cdot a_2 - 0 \cdot a_1 \\
&2 \cdot a_3 - 1 \cdot a_2 \\
&3 \cdot a_4 - 2 \cdot a_3 \\
&\qquad \vdots \\
&n \cdot a_{n+1} - (n-1) \cdot a_n
\end{aligned}$$

である．

(3) $\qquad 1, \ 3, \ 5, \ \cdots\cdots, \ 199$

の和を考える．次の項は 201 であるから，求める和は

$$\frac{100 \cdot 201 - (2-1) \cdot 100}{2} = 100 \cdot 100 = 10000$$

■

※ "普通でない" 和の問題では，差の形 $f(n+1) - f(n)$ を利用する可能
性を想定したい．

　もちろん，この公式

$$\sum_{k=1}^{n} a_k = \frac{na_{n+1} - (d-a)n}{2}$$

を覚える必要はない！しかし，考え方は大事である．

　次の問題でも，変わった形の「等差数列の和の公式」を漸化式から作っ
てみる．差を作る感覚に慣れよう．

[問題 1-14]

等差数列 $\{a_n\}$ の和について，漸化式

$$a_1 = a, \ a_{n+1} = a_n + d \ (n = 1, \ 2, \ 3, \ \cdots\cdots)$$

を利用して，変わった公式を作ってみよう．ただし，d は 0 でないものとする．

(1) 漸化式を利用して，

$$a_n = \frac{(a_{n+1})^2 - (a_n)^2}{2d} - \frac{d}{2} \ (n = 1, \ 2, \ 3\cdots\cdots)$$

が成り立つことを示せ．

(2) (1) を利用して，和の公式を作れ．

(3) (2) の公式を利用して，正の奇数を小さい方から順に 100 個足した和の値を求めよ．

【ヒント】

$(a_{n+1})^2$, $(a_n)^2$, a_n が現れるような変形は何だろうか？

(2) の公式作成は，a_n が $f(n+1) - f(n)$ という形の差で表されていることを利用しよう．

(3) は前問と同じ答えになるはずである．

この観点がなかった人は，改めて考えてみよう！

【解答・解説】

(1) 漸化式の両辺を 2 乗することで

$$(a_{n+1})^2 = (a_n)^2 + 2da_n + d^2$$
$$2da_n = (a_{n+1})^2 - (a_n)^2 - d^2$$
$$\therefore \quad a_n = \frac{(a_{n+1})^2 - (a_n)^2}{2d} - \frac{d}{2}$$

が得られる．ここで，$d \neq 0$ であるから，最後に両辺を $2d$ で割ることが可能であった．

(2) (1) で示した等式の右辺は $f(n+1) - f(n) + ($ 定数 $)$ の形である．

44

$$\sum_{k=1}^{n} a_k$$

$$= \sum_{k=1}^{n} \left(\frac{(a_{k+1})^2 - (a_k)^2}{2d} - \frac{d}{2} \right)$$

$$= \frac{(a_{n+1})^2 - a^2}{2d} - \frac{d}{2} n$$

$$\begin{aligned}
&(a_2)^2 - (a_1)^2 \\
&(a_3)^2 - (a_2)^2 \\
&(a_4)^2 - (a_3)^2 \\
&\qquad \vdots \\
\hline
&(a_{n+1})^2 - (a_n)^2
\end{aligned}$$

である.

(3) 　　　　　1, 3, 5, ……, 199

の和を考える. 次の項は 201 であるから, 求める和は

$$\frac{201^2 - 1^2}{2 \cdot 2} - \frac{2}{2} \cdot 100$$

$$= \frac{202 \cdot 200}{2 \cdot 2} - 100$$

$$= 10000$$

である.

　　　　　　　　　　　　　　　　　　　　　　　　　　　　　■

※　もちろん, この公式も覚える必要はない.

　　漸化式は数の並べ方のルールである. そのルールを用いて, 一般項を
$f(n+1) - f(n)$ という形の差で表すことを目指している.

　　他にもこのような計算が可能なものがあるので, チャレンジしてみよ
う. ほとんど計算せずに, どんどん消えて和が求まる爽快感を味わって
もらいたい.

　　次は, 等比数列の和と, (等差数列)×(等比数列) の和である.

(1) 等比数列 $\{a_n\}$ を

$$a_1 = a, \ a_{n+1} = ra_n \ (n = 1, \ 2, \ 3, \ \cdots\cdots)$$

で定める. ただし, r は 1 ではないものとする.

$a_{n+1} - a_n$ を r, a_n の式で表せ. また, $\displaystyle\sum_{k=1}^{n} a_k = \dfrac{a_{n+1} - a}{r - 1}$ を示せ.

(2) 一般項が $b_n = n \cdot 2^{n-1}$ で表される数列 $\{b_n\}$ は,

$$b_1 = 1, \ b_{n+1} = 2b_n + 2^n \ (n = 1, \ 2, \ 3, \ \cdots\cdots)$$

で定まることを, 数学的帰納法で示せ. また, $b_{n+1} - b_n$ を b_n, n の式で

表すことで, $\displaystyle\sum_{k=1}^{n} b_k$ を求めよ.

(3) 一般項が $c_n = (2n - 1)3^{n-1}$ で表される数列 $\{c_n\}$ において, c_{n+1} を

c_n, n を用いて表せ. また, $c_{n+1} - c_n$ を利用して, $\displaystyle\sum_{k=1}^{n} c_k$ を求めよ.

【ヒント】

等比数列は簡単に $f(n+1) - f(n)$ の形の差で表すことができる.

(等差数列)×(等比数列)の形で表される数列も, 漸化式を用いると,

$f(n+1) - f(n)$ の形の差を使って表すことができる.

(3)では, $\left\{\dfrac{c_n}{3^{n-1}}\right\}$ が公差 2 の等差数列になることを利用すると良い.

この観点がなかった人は, 改めて考えてみよう!

【解答・解説】

(1)　　　　$a_{n+1} - a_n = (r - 1)a_n$

である. これを利用すると, $r \neq 1$ であるから

$$a_n = \frac{a_{n+1} - a_n}{r - 1}$$

$$\sum_{k=1}^{n} a_k = \sum_{k=1}^{n} \frac{a_{k+1} - a_k}{r - 1} = \frac{a_{n+1} - a_1}{r - 1} = \frac{a_{n+1} - a}{r - 1}$$

(2) $$b_1 = 1, \quad b_{n+1} = 2b_n + 2^n \quad (n = 1, \ 2, \ 3, \ \cdots\cdots)$$

で定まる数列 $\{b_n\}$ について，$b_n = n \cdot 2^{n-1}$ が成り立つことを示す.

$n = 1$ のとき，$1 \cdot 2^{1-1} = 1 = b_1$ であるから，成り立つ.

$n = k$ で $b_k = k \cdot 2^{k-1}$ が成り立つならば，漸化式より
$$b_{k+1} = 2(k \cdot 2^{k-1}) + 2^k = (k+1)2^k$$
であり，$n = k+1$ でも成り立つ.

よって，$b_n = n \cdot 2^{n-1} \ (n = 1, \ 2, \ 3, \ \cdots\cdots)$ が成り立つ.

次に，$b_{n+1} - b_n$ を考える. 漸化式から
$$b_{n+1} - b_n = b_n + 2^n \qquad \therefore \quad b_n = b_{n+1} - b_n - 2^n$$
である. よって，

$$\sum_{k=1}^{n} b_k = \sum_{k=1}^{n} (b_{k+1} - b_k - 2^k)$$
$$= b_{n+1} - b_1 - \frac{2^{n+1} - 2}{2 - 1}$$
$$= (n+1)2^n - 1 - 2^{n+1} + 2 = (n-1)2^n + 1$$

(3) $$\frac{c_{n+1}}{3^n} = \frac{c_n}{3^{n-1}} + 2 \qquad \therefore \quad c_{n+1} = 3c_n + 2 \cdot 3^n \quad \cdots\cdots \ \text{①}$$

である. さらに，

$$c_{n+1} - c_n = 2c_n + 2 \cdot 3^n \qquad \therefore \quad c_n = \frac{c_{n+1} - c_n}{2} - 3^n$$

であるから，和は

$$\sum_{k=1}^{n} c_k = \sum_{k=1}^{n} \left(\frac{c_{k+1} - c_k}{2} - 3^k \right)$$
$$= \frac{c_{n+1} - c_1}{2} - \frac{3^{n+1} - 3}{3 - 1}$$
$$= \frac{(2n+1)3^n - 1 - 3^{n+1} + 3}{2} = (n-1)3^n + 1$$

■

※ $f(n+1) - f(n)$ の形の差として，階差数列 $\{a_{n+1} - a_n\}$ は最有力の候補である. 特に漸化式を利用するときには，この形を作りやすい.
また，(3) では，次のように，差を作らずに考えることも可能である.

【(3) の別解－1】

①の形で両辺の和をとると,

$$c_{n+1}+c_n+\cdots\cdots+c_2=3(c_n+\cdots\cdots+c_2+c_1)$$
$$+2(3+3^2+\cdots\cdots+3^n)$$

$$\therefore\quad \sum_{k=1}^{n}c_k+c_{n+1}-c_1=3\sum_{k=1}^{n}c_k+2\cdot\frac{3^{n+1}-3}{3-1}$$

である（以下，省略）.

※　(等差数列)×(等比数列) の形である. 解答では，等比数列で割って等差数列を作った. 一方，等差数列で割ると，等比数列になるから，それを利用して漸化式を作ることもできる.

【(3) の別解－2】

$\left\{\dfrac{c_n}{2n-1}\right\}$ は公比 3 の等比数列であるから,

$$\frac{c_{n+1}}{2n+1}=3\cdot\frac{c_n}{2n-1}\qquad\therefore\quad c_{n+1}=\frac{3(2n+1)}{2n-1}c_n$$

が成り立つ.

$$c_{n+1}-c_n=\frac{4n+4}{2n-1}c_n=\frac{2(2n-1)+6}{2n-1}c_n=2c_n+6\cdot3^{n-1}$$

$$\therefore\quad c_n=\frac{c_{n+1}-c_n}{2}-3^n$$

であり，解答と同じ式が作れた（以下，省略）.　　　　　　　　　　■

※　一般項が既知なら，階差数列を利用して漸化式を作ることができる.

$$\{c_n\}:1,\ 9,\ 45,\ 189,\ 729,\ \cdots\cdots$$

であるから，階差数列 $\{c_{n+1}-c_n\}$ は

$$\{c_{n+1}-c_n\}:8,\ 36,\ 144,\ 540,\ \cdots\cdots$$

である. これがどんな数列であるか，正確に述べるには $c_{n+1}-c_n$ に一般項を代入することになる.

【(3) の別解－3】

$c_n = (2n-1)3^{n-1}$, $c_{n+1} = (2n+1)3^n$ であるから

$$c_{n+1} - c_n = (2n+1)3^n - (2n-1)3^{n-1}$$
$$= \{3(2n+1) - (2n-1)\}3^{n-1}$$
$$= 4(n+1)3^{n-1}$$

$$\therefore \quad c_{n+1} = c_n + 4(n+1)3^{n-1}$$

である. よって,

$$c_{n+1} = c_1 + \sum_{k=1}^{n} 4(k+1)3^{k-1} \quad \cdots\cdots \quad ②$$

である. 左辺は $(2n+1)3^n$ である. 右辺から $\displaystyle\sum_{k=1}^{n} c_k$ を作り出す方法を考える.

$$4(k+1) = 2(2k-1) + 6$$

であるから,

$$4(k+1)3^{k-1} = 2(2k-1)3^{k-1} + 6 \cdot 3^{k-1}$$
$$= 2c_k + 6 \cdot 3^{k-1}$$

である. これを②に代入して,

$$c_{n+1} = 1 + 2\sum_{k=1}^{n} c_k + 6\sum_{k=1}^{n} 3^{k-1}$$

$$\therefore \quad \sum_{k=1}^{n} c_k = \frac{c_{n+1}-1}{2} - 3 \cdot \frac{3 \cdot 3^{n-1}-1}{3-1}$$

であり, 解答と同じ式が作れた（以下, 省略）.

■

※ このように, ある数列を定める漸化式は1つではない. 和を計算する方法も1つではない.

「$f(n+1) - f(n)$ の形」は和を求めるときの究極形態である.

別解－3 は, 「一般項が分かっていることを利用して階差数列の和を逆算的に求める」方法であった. 一般項を求めようとすると, 「$n \geqq 2$ のとき」となることと, 足すのが $k = 1, 2, \cdots\cdots, n-1$ となり, 求めたい和が現れない. それを回避するために, c_{n+1} を考えるという方法をとった.

$$a_1 = 1, \ a_2 = 1, \ a_{n+2} = a_{n+1} + a_n \ (n = 1, \ 2, \ 3, \ \cdots\cdots)$$

で定められた数列

$$\{a_n\} : 1, \ 1, \ 2, \ 3, \ 5, \ 8, \ 13, \ 21, \ \cdots\cdots$$

はフィボナッチ数列と呼ばれ，一般項は $a_n = \dfrac{\beta^n - \alpha^n}{\sqrt{5}}$ である．ただし，

$\beta = \dfrac{1 + \sqrt{5}}{2}, \ \alpha = \dfrac{1 - \sqrt{5}}{2}$ である．

(1) $\displaystyle\sum_{k=1}^{n} a_k = a_{n+2} - 1$ が成り立つことを示せ．

(2) 偶数番目の項を順に n 個足した和について，$\displaystyle\sum_{m=1}^{n} a_{2m} = a_{2n+1} - 1$ が成り立つことを示せ．

【ヒント】

2つの等比数列の和の形だから，等比数列の和の公式を使って和を求めることは可能である．ここでは，漸化式を利用して和が求まることを確認してみよう．これまでと同じく，$f(n+1) - f(n)$ の形の差を作る．

この観点がなかった人は，改めて考えてみよう！

【解答・解説】

(1) $a_{n+2} - a_{n+1} = a_n$ であるから，

$$\sum_{k=1}^{n} a_k = \sum_{k=1}^{n} (a_{k+2} - a_{k+1}) = a_{n+2} - a_2 = a_{n+2} - 1$$

(2) $n = 2m - 1 \ (m = 1, \ 2, \ 3, \ \cdots\cdots)$ とすると

$$a_{2m+1} = a_{2m} + a_{2m-1} \quad \therefore \quad a_{2m} = a_{2m+1} - a_{2m-1}$$

である．よって，偶数番目の項だけの和は

$$\sum_{m=1}^{n} a_{2m} = \sum_{m=1}^{n} (a_{2m+1} - a_{2m-1}) = a_{2n+1} - a_1 = a_{2n+1} - 1$$

■

※ もちろん，等比数列の和の公式を利用しても計算できる．
その際，$\alpha+\beta=1$，$\alpha\beta=-1$ を利用する．(1) は

$$\sum_{k=1}^{n} a_k = \sum_{k=1}^{n} \frac{\beta^k - \alpha^k}{\sqrt{5}} = \frac{1}{\sqrt{5}}\left(\frac{\beta - \beta^n \cdot \beta}{1-\beta} - \frac{\alpha - \alpha^n \cdot \alpha}{1-\alpha}\right)$$

$$= \frac{1}{\sqrt{5}}\left(\frac{\beta - \beta^{n+1}}{\alpha} - \frac{\alpha - \alpha^{n+1}}{\beta}\right) \quad (1-\alpha=\beta,\ 1-\beta=\alpha)$$

$$= \frac{-\beta(\beta - \beta^{n+1}) + \alpha(\alpha - \alpha^{n+1})}{\sqrt{5}} \quad \left(\frac{1}{\alpha}=-\beta,\ \frac{1}{\beta}=-\alpha\right)$$

$$= \frac{(\beta^{n+2} - \alpha^{n+2}) - (\beta^2 - \alpha^2)}{\sqrt{5}} = a_{n+2} - a_2$$

$$= a_{n+2} - 1$$

(2) では，α，β が $x^2 - x - 1 = 0$ の 2 解であることを直接利用する．

$$\alpha^2 = \alpha + 1,\ \beta^2 = \beta + 1 \quad \cdots\cdots \quad \textcircled{1}$$

である．これを利用して

$$\sum_{m=1}^{n} a_{2m} = \sum_{m=1}^{n} \frac{\beta^{2m} - \alpha^{2m}}{\sqrt{5}} = \frac{1}{\sqrt{5}}\left(\frac{1 - \beta^{2n} \cdot \beta^2}{1 - \beta^2} - \frac{1 - \alpha^{2n} \cdot \alpha^2}{1 - \alpha^2}\right)$$

$$= \frac{1}{\sqrt{5}}\left(\frac{1 - \beta^{2n+2}}{-\beta} - \frac{1 - \alpha^{2n+2}}{-\alpha}\right) \quad (1 - \beta^2 = -\beta,\ 1 - \alpha^2 = -\alpha)$$

$$= \frac{\alpha(1 - \beta^{2n+2}) - \beta(1 - \alpha^{2n+2})}{\sqrt{5}} \quad \left(\frac{1}{-\beta}=\alpha,\ \frac{1}{-\alpha}=\beta\right)$$

$$= \frac{\beta^{2n+1} - \alpha^{2n+1}}{\sqrt{5}} - \frac{\beta - \alpha}{\sqrt{5}} = a_{2n+1} - a_1$$

$$= a_{2n+1} - 1$$

ところで，①のそれぞれに α^n，β^n を掛けると

$$\alpha^{n+2} = \alpha^{n+1} + \alpha^n,\ \beta^{n+2} = \beta^{n+1} + \beta^n$$

が得られ，これにより $a_n = \dfrac{\beta^n - \alpha^n}{\sqrt{5}}$ について

$$\frac{\beta^{n+2} - \alpha^{n+2}}{\sqrt{5}} = \frac{\beta^{n+1} - \alpha^{n+1}}{\sqrt{5}} + \frac{\beta^n - \alpha^n}{\sqrt{5}}$$

$$\therefore\ a_{n+2} = a_{n+1} + a_n\ (n=1,\ 2,\ 3,\ \cdots\cdots)$$

が成り立つことが分かる．

漸化式から一般項を求めることが多いが，一般項から漸化式を作成するのも重要である．

等比数列 $\{a_n\}$：1，2，4，8，16，…… が満たす関係式として適するものを次からすべて選べ．

⓪　$a_{n+2}=4a_{n+1}-4a_n$（$n=1$，2，3，……）

①　$a_{n+2}=3a_{n+1}-2a_n$（$n=1$，2，3，……）

②　$a_{n+1}=3a_n-2^{n-1}$（$n=1$，2，3，……）

【ヒント】

　$\{a_n\}$ の一般項を求めてみよう．それを⓪〜②の右辺に代入したものが，左辺と一致するかを確認してみよう．「表示されている a_1〜a_5 で成り立つかどうかだけのチェック」では不十分である．最初の数項でしか成り立たない可能性があるからである．

　この観点がなかった人は，改めて考えてみよう！

【解答・解説】

　等比数列であるから，一般項は $a_n=2^{n-1}$ である．

　⓪，①，②の右辺に代入すると

$$4a_{n+1}-4a_n=4\cdot 2^n-4\cdot 2^{n-1}=4\cdot 2^{n-1}(2-1)=2^{n+1},$$
$$3a_{n+1}-2a_n=3\cdot 2^n-2\cdot 2^{n-1}=(3-1)2^n=2^{n+1},$$
$$3a_n-2^{n-1}=3\cdot 2^{n-1}-2^{n-1}=(3-1)2^{n-1}=2^n$$

である．順に a_{n+2}，a_{n+2}，a_{n+1} と一致しているから，⓪，①，②のすべてが適する．

■

※　ある数列を定める漸化式は1つではない．

問題 1-18

漸化式

$$a_{n+2} = 5a_{n+1} - 6a_n \quad (n = 1, \ 2, \ 3, \ \cdots\cdots) \quad \cdots\cdots \quad ①$$

について考える.

(1) 一般項が次で表される数列のうちで ① を満たすものをすべて選べ.

- ⓪ $a_n = 2^{n-1}$
- ① $a_n = 3^{n-1}$
- ② $a_n = 6^n$
- ③ $a_n = 3^n - 2^n$

(2) ① を満たす数列は無数に存在する. 3項間漸化式だから, a_1, a_2 が与えられたらすべての項が定まる.

実数 s, t を用いて $a_n = s \cdot 3^{n-1} + t \cdot 2^{n-1}$ $(n = 1, \ 2, \ 3, \ \cdots\cdots)$ と表される数列 $\{a_n\}$ は, s, t によらず ① を満たすことを示せ.

(3) $a_1 = 2$, $a_2 = 5$ および ① を満たす数列 $\{a_n\}$ の一般項を求めよ.

【ヒント】

(1), (2) は①の右辺に代入して, a_{n+2} と一致するかを確認せよ. (3) では, 漸化式から数列がただ1つ決まることが重要である.

この観点がなかった人は, 改めて考えてみよう！

【解答・解説】

(1) ⓪, ①, ②, ③ を①の右辺に代入すると, 順に

$$5 \cdot 2^n - 6 \cdot 2^{n-1} = (5-3)2^n = 2^{n+1} = a_{n+2},$$

$$5 \cdot 3^n - 6 \cdot 3^{n-1} = (5-2)3^n = 3^{n+1} = a_{n+2},$$

$$5 \cdot 6^{n+1} - 6 \cdot 6^n = (5-1)6^{n+1} = 4 \cdot 6^{n+1} \neq a_{n+2},$$

$$5(3^{n+1} - 2^{n+1}) - 6(3^n - 2^n) = (5-2)3^{n+1} - (5-3)2^{n+1}$$

$$= 3^{n+2} - 2^{n+2} = a_{n+2}$$

である. 適するのは ⓪, ①, ③ である.

(2) $a_n = s \cdot 3^{n-1} + t \cdot 2^{n-1}$ を①の右辺に代入すると,

$$5(s \cdot 3^n + t \cdot 2^n) - 6(s \cdot 3^{n-1} + t \cdot 2^{n-1})$$

$$= s(5-2)3^n + t(5-3)2^n$$

$$= s \cdot 3^{n+1} + t \cdot 2^{n+1} = a_{n+2}$$

である. よって, $\{a_n\}$ は, s, t によらず ① を満たす.

(3) $a_1 = 2$, $a_2 = 5$ および ① を満たす数列 $\{a_n\}$ は 1 つしかない.

$$s + t = 2, \ 3s + 2t = 5$$

を解くと, $s = t = 1$ である. (2) で $s = t = 1$ とした

$$a_n = 3^{n-1} + 2^{n-1} \ (n = 1, \ 2, \ 3, \ \cdots\cdots) \ \cdots\cdots \ ②$$

は, ① を満たし, しかも $a_1 = 2$, $a_2 = 5$ を満たす. ② が一般項である. ∎

※ (2) で, ① の 3 項間漸化式で決まる数列は, 等比数列を 2 つ足した形で表せることを示した. このことを, 通常は ① を変形して導く. つまり,

$$a_{n+2} = (2+3)a_{n+1} - 2 \cdot 3a_n \ \cdots\cdots \ ①'$$

と変形する (そのためには,

$$\alpha + \beta = 5, \ \alpha\beta = 6$$

となる α, β を探す必要がある. 探すには, 解と係数の関係により

$$x^2 - 5x + 6 = 0$$

の 2 解が α, β であることを利用する. この方程式は, $a_{n+2} = 5a_{n+1} - 6a_n$ から $x^2 = 5x - 6$ として機械的に作れる. この解が $x = 2, \ 3$ である).

①′ において, $2a_{n+1}$ を左辺に移項すると

$$a_{n+2} - 2a_{n+1} = 3a_{n+1} - 2 \cdot 3a_n$$

$$\therefore \ \ a_{n+2} - 2a_{n+1} = 3(a_{n+1} - 2a_n) \ \cdots\cdots \ ③$$

が得られ, $3a_{n+1}$ を左辺に移項すると

$$a_{n+2} - 3a_{n+1} = 2a_{n+1} - 2 \cdot 3a_n$$

$$\therefore \ \ a_{n+2} - 3a_{n+1} = 2(a_{n+1} - 3a_n) \ \cdots\cdots \ ④$$

が得られる. ③, ④ から $\{a_{n+1} - 2a_n\}$ と $\{a_{n+1} - 3a_n\}$ は等比数列で,

$$a_{n+1} - 2a_n = (a_2 - 2a_1)3^{n-1}$$

$$a_{n+1} - 3a_n = (a_2 - 3a_1)2^{n-1}$$

である. 2 項間漸化式が 2 つ得られたことになる. 差をとると,

$$a_n = (a_2 - 2a_1)3^{n-1} - (a_2 - 3a_1)2^{n-1}$$

であることが分かる.

|問題 1-19|

(1)
$$a_{n+1} = 4a_n - 3 \quad (n = 1, 2, 3, \cdots)$$
で定義される数列 $\{a_n\}$ について考える.

1) $\{a_n\}$ が定数数列になるような初項 $a_1 = a$ の値を求めよ.

2) $a_1 = 2$ とする.
$$\{a_n\} : 2, 5, 17, 65, 257, \cdots$$
である. 1) の a について, $b_n = a_n - a$ で数列 $\{b_n\}$ を定めると, 等比数列である. b_{n+1} を b_n の式で表すことで, 等比数列であることを示せ. また, b_1, b_2, b_3, b_4, b_5 を求め, 等比数列であることを確認せよ.

(2) $x^2 + 3x + 2 = 0$ を解くと $x = -1, -2$ である.
$$a_{n+2} = -3a_{n+1} - 2a_n \quad (n = 1, 2, 3, \cdots)$$
で定義される数列 $\{a_n\}$ の一般項は $a_n = s \cdot (-1)^{n-1} + t \cdot (-2)^{n-1}$ という形で表される. では,
$$b_{n+2} = -3b_{n+1} - 2b_n + 12 \quad (n = 1, 2, 3, \cdots)$$
で定義される数列 $\{b_n\}$ の一般項はどうなるだろうか?

1) $b_1 = b_2 = b$ のときに $\{b_n\}$ が定数数列になるような b の値を求めよ.

2) $b_1 = 5$, $b_2 = -2$ のとき, 一般項 b_n を求めよ.

【ヒント】

　一般項を求めることができる形の漸化式に, 余分な定数が足されている形のとき, ある定数を利用して, 定数がない形に帰着することを考える. そのためには,「数列が定数数列になる初項」を探すことがポイントとなる. (1) はよく見る形であろう. (2) でも同じようにできることを確認しよう.

　この観点がなかった人は, 改めて考えてみよう！

【解答・解説】

(1)

1) 定数数列になる条件は
$$a = 4a - 3 \quad \therefore \quad a = 1$$

2)　$b_n = a_n - 1$ つまり，$a_n = b_n + 1$ である．$a_{n+1} = 4a_n - 3$ を $\{b_n\}$ の漸化
式に書き直すと，

$$b_{n+1} + 1 = 4(b_n + 1) - 3 \qquad \therefore \quad b_{n+1} = 4b_n$$

である．これは，$\{b_n\}$ が公比 4 の等比数列であることを意味している．

$$\{a_n\} : 2,\ 5,\ 17,\ 65,\ 257,\ \cdots\cdots$$

であるから，

$$\{b_n\} : 1,\ 4,\ 16,\ 64,\ 256,\ \cdots\cdots$$

で，確かに等比数列である（一般項は $b_n = 4^{n-1}$，$a_n = 4^{n-1} + 1$ である）．

(2)

1)　定数数列になる条件は

$$b = -3b - 2b + 12 \qquad \therefore \quad b = 2$$

2)　$b_n - 2 = c_n$ とおく．$b_n = c_n + 2$ を代入しても良いが，ここでは違う方
法を用いて $\{c_n\}$ の漸化式を作る．

$$2 = -3 \cdot 2 - 2 \cdot 2 + 12$$

という関係式が，1) から分かる．これと漸化式

$$b_{n+2} = -3b_{n+1} - 2b_n + 12$$

の各辺の差をとることで

$$b_{n+2} - 2 = -3(b_{n+1} - 2) - 2(b_n - 2)$$

$$\therefore \quad c_{n+2} = -3c_{n+1} - 2c_n \quad (n = 1,\ 2,\ 3,\ \cdots\cdots)$$

である．一般項は $c_n = s \cdot (-1)^{n-1} + t \cdot (-2)^{n-1}$ とおける．

$b_1 = 5$，$b_2 = -2$ のとき，$c_1 = 3$，$c_2 = -4$ である．

$$s + t = 3,\ -s - 2t = -4 \qquad \therefore \quad s = 2,\ t = 1$$

より，一般項は

$$c_n = 2 \cdot (-1)^{n-1} + (-2)^{n-1}$$

$$\therefore \quad b_n = 2 \cdot (-1)^{n-1} + (-2)^{n-1} + 2$$

∎

※　定数項を考えるための方程式「$b = -3b - 2b + 12$」と，等比数列を考
えるための方程式「$x^2 + 3x + 2 = 0$」の 2 つを利用した．両方とも "特
性方程式" という名前で呼ばれることがあって混乱しやすい．それぞれ
の意味をしっかり理解しておこう．

問題 1-20

(1) $x=-2,\ 2,\ 3$ を解にもつ 3 次方程式で, x^3 の係数が 1 であるものを求めよ.

(2) 一般項が

$$a_n = (-2)^{n-1} + 2^{n-1} + 3^{n-1}$$

で表される数列 $\{a_n\}$ を定めるような漸化式を 1 つ求めよ.

【ヒント】

(1) は, 解と係数の関係を利用するか, 因数分解された形を展開して作るか, どちらかであろう.

(2) では, (1) の結果を利用しよう. 解の意味を思い出そう. そこでは **問題 1-18** の注が参考になる.

この観点がなかった人は, 改めて考えてみよう!

【解答・解説】

(1)
$$-2+2+3=3,$$
$$-2\cdot 2 + 2\cdot 3 + 3\cdot(-2) = -4$$
$$-2\cdot 2\cdot 3 = -12$$

であるから, 解と係数の関係より

$$x^3 - 3x^2 - 4x + 12 = 0$$

が求める方程式である (左辺は $(x+2)(x-2)(x-3)$ を展開したものである).

(2) (1) より,

$$(-2)^3 - 3\cdot(-2)^2 - 4\cdot(-2) + 12 = 0$$
$$2^3 - 3\cdot 2^2 - 4\cdot 2 + 12 = 0$$
$$3^3 - 3\cdot 3^2 - 4\cdot 3 + 12 = 0$$

が成り立つ. それぞれに $(-2)^{n-1},\ 2^{n-1},\ 3^{n-1}$ をかけて

$$(-2)^{n+2} - 3\cdot(-2)^{n+1} - 4\cdot(-2)^n + 12\cdot(-2)^{n-1} = 0$$
$$2^{n+2} - 3\cdot 2^{n+1} - 4\cdot 2^n + 12\cdot 2^{n-1} = 0$$
$$3^{n+2} - 3\cdot 3^{n+1} - 4\cdot 3^n + 12\cdot 3^{n-1} = 0$$

が成り立つ．これらの和をとると

$$a_{n+3} - 3a_{n+2} - 4a_{n+1} + 12a_n = 0$$

$$\therefore \quad a_{n+3} = 3a_{n+2} + 4a_{n+1} - 12a_n$$

これが $\{a_n\}$ を定めるような漸化式の1つである．

∎

※ 現れる項数が多い漸化式でも，このように方程式の解を利用して一般項を考えることができるものがある．ただし，重解を含む方程式を利用するときは注意が必要である．例えば，

$$(x-2)^2(x+1) = x^3 - 3x^2 + 4$$

を考えてみよう．$x^3 - 3x^2 + 4 = 0$ から作った漸化式

$$a_{n+3} = 3a_{n+2} - 4a_n \ (n = 1,\ 2,\ 3,\ \cdots\cdots) \ \cdots\cdots \ ①$$

は，2つの等比数列 $\{2^{n-1}\}$，$\{(-1)^{n-1}\}$ に加え，$\{n \cdot 2^{n-1}\}$ を定める漸化式でもある．それは，実際，

$$3(n+2) \cdot 2^{n+1} - 4n \cdot 2^{n-1} = (3(n+2) - n) \cdot 2^{n+1}$$
$$= (2n+6) \cdot 2^{n+1} = (n+3) \cdot 2^{n+2}$$

であることから分かる．

これまでと同様に，実数 $s,\ t,\ u$ を用いて

$$a_n = (sn+t) \cdot 2^{n-1} + u \cdot (-1)^{n-1}$$

という形で表すことができる数列は，すべて①を満たす．

また，

$$a_{n+3} = 3a_{n+2} - 4a_n \ (n = 1,\ 2,\ 3,\ \cdots\cdots) \ \cdots\cdots \ ①$$

は4項間漸化式であるから，最初の3項が決まればすべて決まる．つまり，例えば，$a_1 = 1$，$a_2 = 2$，$a_3 = 3$ と①を満たす数列は1つしかない．

漸化式①で定まる相互に表すことができない数列 $\{2^{n-1}\}$，$\{(-1)^{n-1}\}$，$\{n \cdot 2^{n-1}\}$ が3つ見つかったので，一般項は必ず

$$a_n = (sn+t) \cdot 2^{n-1} + u \cdot (-1)^{n-1}$$

という形で表すことができることも分かるのである．

問題 1-21

(1) $(A+B)(A-B-1)$ を展開せよ.

(2) 数列 $\{a_n\}$ は

$$(a_{n+1})^2-(a_n)^2=a_{n+1}+a_n \quad (n=1,\ 2,\ 3,\ \cdots\cdots)$$

を満たしているという. この条件を満たしているというだけでは, 初項を決めても数列は1つには決まらない.

1) 条件の式から a_{n+1} を a_n の式で表すと, 2通りの可能性がある.

$$a_{n+1}=-a_n \quad \text{または} \quad a_{n+1}=a_n+1$$

である. この意味として正しいのはどちらか?

⓪ $a_{n+1}=-a_n \ (n=1,\ 2,\ 3,\ \cdots\cdots)$

   または $a_{n+1}=a_n+1 \ (n=1,\ 2,\ 3,\ \cdots\cdots)$

① $n=1,\ 2,\ 3,\ \cdots\cdots$ の各 n において

   $a_{n+1}=-a_n \quad \text{または} \quad a_{n+1}=a_n+1$

2) $a_1=1$ とする. a_3 としてあり得る値をすべて求めよ. また, a_{100} としてあり得る値の最大値と最小値を求めよ.

【ヒント】

$X_n \cdot Y_n=0 \ (n=1,\ 2,\ 3,\ \cdots\cdots)$ というのは,

$$X_n=0 \ (n=1,\ 2,\ 3,\ \cdots\cdots)$$

   または $Y_n=0 \ (n=1,\ 2,\ 3,\ \cdots\cdots)$

という意味だろうか? つまり,

$$X_1=X_2=X_3=\cdots\cdots=0 \quad \text{または} \quad Y_1=Y_2=Y_3=\cdots\cdots=0$$

だろうか? $X_1 \cdot Y_1=0$ は「$X_1=0$ または $Y_1=0$」, $X_2 \cdot Y_2=0$ は「$X_2=0$ または $Y_2=0$」, $\cdots\cdots$ である. $X_1=0$ なら, $X_2 \cdot Y_2=0$ は $X_2=0$ に限定されるだろうか? 「そうだ」と思うなら ⓪ を,「違う」と思うなら ① を選ぼう.

$a_1=1$ のとき, 条件を満たすいくつもの $\{a_n\}$ がある. 例えば

$$\{a_n\}:1,\ 2,\ 3,\ 4,\ 5,\ \cdots\cdots$$

$$\{a_n\}:1,\ -1,\ 1,\ -1,\ 1,\ \cdots\cdots$$

この観点がなかった人は, 改めて考えてみよう!

【解答・解説】

(1)
$$(A+B)(A-B-1)=(A+B)(A-B)-(A+B)$$
$$=A^2-B^2-(A+B)=A^2-B^2-A-B$$

(2)

1）（1）より，
$$(a_{n+1}+a_n)(a_{n+1}-a_n-1)=0 \quad \cdots\cdots \quad ①$$
$$\therefore \quad a_{n+1}=-a_n \quad \text{または} \quad a_{n+1}=a_n+1 \ (n=1, 2, 3, \cdots\cdots)$$
である．これは，各 n について，「$a_{n+1}=-a_n$ または $a_{n+1}=a_n+1$」
のいずれかであるという意味で，正しいのは ① である．

2） $a_1=1$ のとき，
$$a_2=-1 \quad \text{または} \quad a_2=2$$
である．$a_2=-1$ のとき，
$$a_3=1 \quad \text{または} \quad a_3=0$$
であり，$a_2=2$ のとき，
$$a_3=-2 \quad \text{または} \quad a_3=3$$
である．以上から，a_3 のとり得る値は
$$a_3=-2, 0, 1, 3$$
である．

a_{100} について考える．$a_1 \sim a_{100}$ はすべて整数である．

①を満たす数列 $\{a_n\}$ の中で，「a_{100} が正で絶対値が最大」になる数列
$\{a_n\}$，「a_{100} が負で絶対値が最大」になる数列 $\{a_n\}$ がどのようなものか
を考える．

「a_n から a_{n+1} を決定する」と見るとき，$a_{n+1}=-a_n$ では符号が変わり，
絶対値は変化しない．$a_{n+1}=a_n+1$ では，$a_n \geqq 0$ のときは絶対値が 1 増
えて，$a_n<0$ のときは絶対値が 1 減る．

これにより，
$$0 \leqq |a_n| \leqq n \ (n=1, 2, 3, \cdots\cdots)$$
が成り立つことが分かる．

「つねに $a_{n+1}=a_n+1$ を満たす」ような数列 $\{a_n\}$ のみ，$|a_n|=n$ で，
これが a_{100} を最大にする数列 $\{a_n\}$ である．

よって，a_{100} の最大値は 100 である．

次に最小値を考える．a_{100} が最小になる数列 $\{a_n\}$ において，$a_{100} < 0$ である．①を満たす数列 $\{a_n\}$ では必ず $a_{100} \geqq -100$ が成り立つが，先ほどの議論により，$a_{100} = -100$ となるような $\{a_n\}$ は存在しない．よって，$a_{100} = -99$ となる数列 $\{a_n\}$ を作ることができれば，これが a_{100} を最小にする $\{a_n\}$ である．

$$a_2 = a_1 + 1,\ a_3 = a_2 + 1,\ \cdots\cdots,\ a_{99} = a_{98} + 1,\ a_{100} = -a_{99}$$

を満たす数列 $\{a_n\}$ は

$$\{a_n\}: 1,\ 2,\ 3,\ \cdots\cdots,\ 98,\ 99,\ -99,\ \cdots\cdots$$

となって，$a_{100} = -99$ である．

よって，a_{100} の最小値は -99 である．

■

※ (2)の2)で a_{100} を考える部分は，直観的には答えが分かるかも知れない．厳密に論証すると解答のようになる．「不等式の証明」と「等号成立条件」のセットで最小値を確定させた．

※ $$(a_{n+1})^2 - (a_n)^2 = a_{n+1} + a_n \ (n = 1,\ 2,\ 3,\ \cdots\cdots)\ \cdots\cdots\ ①$$
を満たす数列 $\{a_n\}$ は無数に存在する．a_4 までを考えると，①を満たす数列で，異なる数列で a_4 が一致するものがあると分かる．

$$\{a_n\}: 1,\ 2,\ 3,\ 4$$
$$\{a_n\}: 1,\ 2,\ 3,\ -3$$
$$\{a_n\}: 1,\ 2,\ -2,\ -1$$
$$\{a_n\}: 1,\ 2,\ -2,\ \boxed{2}$$
$$\{a_n\}: 1,\ -1,\ 0,\ 1$$
$$\{a_n\}: 1,\ -1,\ 0,\ 0$$
$$\{a_n\}: 1,\ -1,\ 1,\ \boxed{2}$$
$$\{a_n\}: 1,\ -1,\ 1,\ -1$$

数学 BC −②：「統計的な推測」で扱う概念は

□確率分布

・確率変数と確率分布　・確率変数の期待値と分散

・確率変数の変換　・確率変数の和と期待値

・独立な確率変数と期待値，分散

・二項分布　・正規分布

□統計的な推測

・母集団と標本　・標本平均とその分布　・推定　・仮説検定

である．

　前半は確率論という数学の分野であるが，後半は数学の実用面といえる部分である．「確率変数の実現値としてのデータをどう解釈するか」というのが統計のテーマである．

　本章では，確率論の数学的位置づけを丁寧に行う．他の章とは趣きが異なることになるだろう．統計部分は，公式の当てはめ問題は排し，統計量の意味を実際に感じられるような例を挙げていきたい．総合的な理解を目指し，数学Ⅰ「データの分析」および数学A「場合の数と確率」の内容も盛り込んでいく．

問題 2-1

次の各 ◻ にあてはまる言葉や記号を入れよ.

試行 T の結果として起こること（a_1, a_2, ……, a_m とおく）をすべて集めた集合が全事象である. それを U とおくと, U の部分集合が事象である.

確率 $P(A)$ は, 各事象 A に対して確率の値を定めるルールと考えることができる. その際, 各根元事象 A_k ($1 \leq k \leq m$), つまり, 要素が 1 つのみである U の部分集合 $A_k = \{a_k\}$ の確率 $P(A_k)$ と $P(\varnothing) = 0$ を定めるだけで, すべての確率は定まる. なぜなら, 事象はいくつかの根元事象の ① として表されるからである. さらに, 一般に

$$P(A \cup B) = P(A) + P(B) - \boxed{②}$$

が成り立ち, 根元事象については

$$A_k \cap A_l = \boxed{③} \quad (k \neq l)$$

であるからである.

X が ④ であるとは, 試行 T の各結果（U の要素 a_1, a_2, ……, a_m）に対して 1 つの数値を与えるルール（関数）であることである. X のとりうる値が x_1, x_2, ……, x_n の n 個であるとき, $X = x_k$ ($1 \leq k \leq n$) となる結果からなる集合は, U の部分集合であるから, ⑤ である.

$P(X = x_k)$ の全体を, X の ⑥ という. これは

X	x_1	x_2	$\cdots$	x_n	計
確率	p_1	p_2	$\cdots$	p_n	1

といった表のことであると考えてもよい.

問題 2-2

事象 A, B について，A かつ B である確率が，確率の積 $P(A) \times P(B)$ と一致するかどうかは「独立」という概念につながる．「独立」にはいくつかの種類があることに注意しよう．

(1) 2つの試行が互いに他方の結果に影響を及ぼさないとき，2つの試行は「独立」であるという．2つの独立な試行 S, T があり，いずれも根元事象は同様に確からしいものとする．試行 S, T の全事象をそれぞれ U，V とし，試行 S で事象 A が起こる確率を $P(A)$，試行 T で事象 B が起こる確率を $P(B)$ と表す．また，S では事象 A が起こり，かつ，T では事象 B が起こるという事象を C とし，C が起こる確率を $P(C)$ と表す．

3つの確率 $P(A)$, $P(B)$, $P(C)$ を $n(U)$, $n(V)$, $n(A)$, $n(B)$ を用いて表せ．

(2) 試行 T で起こる事象 A, B について，$P(A \cap B) = P(A) \times P(B)$ が成り立つとき，2つの事象 A, B は「独立」であるという．

空でない事象 A, B が独立であるとする．このとき，$P(A)$, $P(B)$ のうち必ず $P_A(B)$ と一致するのはどちらか答えよ．

(3) n は6以下の自然数とする．1以上 n 以下の自然数を1つ選ぶという試行 T において，偶数を選ぶという事象を A とし，3の倍数を選ぶという事象を B とする．A と B が独立になるような n をすべて求めよ．

問題 2-3

サイコロを2回振り，1回目に出る目を a とし，2回目に出る目を b とする．a, b を用いて2次方程式

$$x^2 - ax + b = 0 \quad \cdots\cdots \quad (*)$$

を作る．このとき，次の X は確率変数であるかどうか答えよ．

(1) $(*)$ の実数解の個数 X

(2) $(*)$ の解 X

(3) $(*)$ の2解のうち正であるものの和 X

問題 2-4

確率変数の期待値 (平均) とデータの平均について考察しよう.

サイコロを 1 つ振る試行において, 各目の出る確率は $\dfrac{1}{6}$ である. 出る目を X と定めると, X は確率変数であり, 確率分布は次のようになる.

X	1	2	3	4	5	6	計
P	$\dfrac{1}{6}$	$\dfrac{1}{6}$	$\dfrac{1}{6}$	$\dfrac{1}{6}$	$\dfrac{1}{6}$	$\dfrac{1}{6}$	1

すると, X の期待値 (平均) $E(X)$ を考えることができる.

$$E(X)=1\cdot\frac{1}{6}+2\cdot\frac{1}{6}+3\cdot\frac{1}{6}+4\cdot\frac{1}{6}+5\cdot\frac{1}{6}+6\cdot\frac{1}{6}=\frac{7}{2}$$

次に, 実際にサイコロを 6 回振って, 目が次のように出たとする.

$$2,\ 5,\ 3,\ 1,\ 1,\ 6$$

このデータでは, 各目の出る確率は順に

$$\frac{1}{3},\ \frac{1}{6},\ \frac{1}{6},\ 0,\ \frac{1}{6},\ \frac{1}{6}$$

であり, 平均値は

$$1\cdot\frac{1}{3}+2\cdot\frac{1}{6}+3\cdot\frac{1}{6}+4\cdot0+5\cdot\frac{1}{6}+6\cdot\frac{1}{6}=\frac{18}{6}=3$$

である. これらが, 確率分布, 期待値となるように確率変数 Y を定めよ.

問題

問題 2-5

　例えば，英語と数学のテストを行って，それぞれの平均点が分かれば，合計点の平均は，平均点の和として求めることができる．「和の平均は，平均の和」となる．ここまではデータの話であるが，これと同じことが確率変数での期待値でも可能である．つまり，「2 つの確率変数 X，Y の和を $Z = X + Y$ とすると，Z も確率変数で，$E(X + Y) = E(X) + E(Y)$ が成り立つ」ということである．これを詳しく見ていきたい．まずは，1 つの試行において 2 つの確率変数を考えてみる．

　サイコロを 2 つ振る試行を考え，X は 2 の目が出る個数，Y は偶数の目が出る個数とする．

(1)　期待値 $E(X)$，$E(Y)$ を求めよ．

(2)　$Z = X + Y$ とおくと，Z のとりうる値は，0，1，2，3，4 である．Z の確率分布を表にまとめよ．

(3)　$E(Z)$ を求めよ．

問題 2-6

前問では，サイコロを2つ振る試行を考え，X を2の目が出る個数，Y を偶数の目が出る個数とし，$Z=X+Y$ とおいた．

$$E(Z)=1\cdot\frac{1}{3}+2\cdot\frac{5}{18}+3\cdot\frac{1}{9}+4\cdot\frac{1}{36}=\frac{4}{3}$$

と計算した．この計算を少し詳しく見ると，例えば，$1\cdot\dfrac{1}{3}$ の部分は

$$(1+0)\cdot P(X=1,\ Y=0)+(0+1)\cdot P(X=0,\ Y=1)$$

である．さらに，X に関する部分と Y に関する部分に分けると

$$\{1\cdot P(X=1,\ Y=0)+0\cdot P(X=0,\ Y=1)\}$$
$$+\{0\cdot P(X=1,\ Y=0)+1\cdot P(X=0,\ Y=1)\}$$

である．

このように考えることで，$E(Z)=E(X)+E(Y)$ が成り立つ理由を説明せよ．その際，$X,\ Y$ の同時分布が次のようになることを用いて良い．

Y ＼ X	0	1	2	計
0	$\dfrac{1}{4}$	0	0	$\dfrac{1}{4}$
1	$\dfrac{1}{3}$	$\dfrac{1}{6}$	0	$\dfrac{1}{2}$
2	$\dfrac{1}{9}$	$\dfrac{1}{9}$	$\dfrac{1}{36}$	$\dfrac{1}{4}$
計	$\dfrac{25}{36}$	$\dfrac{5}{18}$	$\dfrac{1}{36}$	1

問題 2-7

前問と同じ $X,\ Y$ について考える．サイコロを2つ振る試行において，X は2の目が出る個数，Y は偶数の目が出る個数である．

これらの積 XY も確率変数である．期待値の積 $E(X)\cdot E(Y)$ と積の期待値 $E(XY)$ の2つの値が一致するかどうかを調べよ．

問題 2-8

問題 2-6 では

$$P(X=k) \quad (k=1, 2, 3)$$

$$= P(X=k, Y=0) + P(X=k, Y=1) + P(X=k, Y=2)$$

を利用して，$E(X+Y) = E(X) + E(Y)$ となる理由を詳しく考察した．同じように考察することで，**問題 2-7** で $E(XY) \neq E(X) \cdot E(Y)$ となった理由を考察せよ.

問題 2-9

a を 1, 2 ではない実数の定数とし，確率変数 X, Y の同時分布が次のようになっているとする.

Y \ X	1	2	a	計
0	$\dfrac{1}{3}$	$\dfrac{1}{6}$	$\dfrac{1}{12}$	$\dfrac{7}{12}$
1	$\dfrac{1}{6}$	$\dfrac{1}{12}$	$\dfrac{1}{6}$	$\dfrac{5}{12}$
計	$\dfrac{1}{2}$	$\dfrac{1}{4}$	$\dfrac{1}{4}$	1

(1) X, Y は独立であるかどうかを調べよ.

(2) $E(XY) = E(X) \cdot E(Y)$ が成り立つような実数 a は存在するか. するならその値を求めよ. しないなら，そのことを示せ.

問題 2-10

独立な確率変数 X, Y の同時分布が次のようになっているとする.

Y \ X	0	1	2	計
0	$\dfrac{1}{3}$	①	②	③
1	④	⑤	⑥	⑦
計	$\dfrac{1}{2}$	⑧	$\dfrac{1}{6}$	1

①〜⑧に入る数を求めよ.

[問題 2-11]

n 個のデータ $(x_1, x_2, \cdots\cdots, x_n)$ について，その平均は $\overline{x} = \dfrac{1}{n}\displaystyle\sum_{k=1}^{n} x_k$ である．各データと平均との差 $x_k - \overline{x}$ を偏差という．

データの散らばりを調べるのに，偏差に関する平均を考える．

(1) 偏差の平均を求めよ．

以下，n は 3 以上の奇数であるとし，

$$x_k = k \ (k = 1, 2, \cdots\cdots, n)$$

とする．

(2) 偏差の絶対値の平均を求めよ．

(3) 偏差の 2 乗 $(x_k - \overline{x})^2$ の平均，つまり，分散を求めよ．

[問題 2-12]

次のように，確率変数 X が従う分布から，確率変数 X^2 の分布が決まる．

X	x_1	x_2	$\cdots\cdots$	x_n	計
P	p_1	p_2	$\cdots\cdots$	p_n	1

X^2	$x_1{}^2$	$x_2{}^2$	$\cdots\cdots$	$x_n{}^2$	計
P	p_1	p_2	$\cdots\cdots$	p_n	1

期待値を $E(X) = m$ とおくとき，分散 $V(X)$ が

$$V(X) = E(X^2) - m^2$$

と表されることを示せ．

[問題 2-13]

確率変数 X と実数 a, b に対して，新しい確率変数 $Y = aX + b$ を考える．X の期待値を m，標準偏差を σ と表す．つまり，$E(X) = m$, $V(X) = \sigma^2$ である．

$E(Y)$, $V(Y)$ を m, σ, a, b を用いて表せ．また，このとき，Y の期待値が 0 で，標準偏差が 1 となるような a, b の値を m, σ を用いて表せ．

問題 2-14

n を自然数とする．P_1, P_2, ……, P_n の n 人があるテストを受験した．P_k の得点を x_k と表す．いわゆる偏差値について考えよう．

データの分析では，得点という変量 x について n 個のデータがあり，x の平均値や分散，標準偏差を考える．また，変量の変換として，$y = ax + b$ という変量を考える．a, b は定数である．平均値や分散，標準偏差について，次が成り立つ：
$$\overline{y} = a\overline{x} + b,\ s_y{}^2 = a^2 s_x{}^2,\ s_y = |a|s_x$$
確率変数としては次のようになる．n 人の中から一人を選ぶという試行を行い，確率変数 X を選ばれた人の得点とする．定数 a, b を用いて新しい確率変数 $Y = aX + b$ を考える．これが確率変数の変換である．期待値，分散，標準偏差について，次が成り立つ：
$$E(Y) = aE(X) + b,\ V(Y) = a^2 V(X),\ \sigma(Y) = |a|\sigma(X)$$
上記の 2 つについて，$\overline{x} = E(X)$, $s_x{}^2 = V(X)$, $s_x = \sigma(X)$ である．

偏差値は，データで言うと $y = \dfrac{10(x - \overline{x})}{s_x} + 50$ という変量である．偏差値 y について平均値 $\overline{y}$，標準偏差 s_y を求めよ．

問題 2-15

数学 I の「データの分析」で"共分散"を定義した．2 つの変量 x, y のデータが (x_k, y_k) $(k = 1, 2, ……, n)$ のような n 個の組で与えられるとき，偏差の積 $(x_k - \overline{x})(y_k - \overline{y})$ の平均値である．

2 つの確率変数 X, Y の共分散は
$$E((X - E(X))(Y - E(Y)))$$
である（数学 B で考えることは無いようである）．

共分散を $E(XY)$, $E(X)$, $E(Y)$ を用いて表せ．

問題 2-16

s, t を実数の定数とし，X, Y を独立な確率変数とする．
$$V(sX + tY) = s^2 V(X) + t^2 V(Y)$$
が成り立つことを証明せよ．

問題 2-17

n を自然数とする. n 個の値 x_k $(1 \leqq k \leqq n)$ をとる確率変数 X について $P(X = x_k) = p_k$ $(1 \leqq k \leqq n)$ であるとする. ただし, $p_k > 0$ である.

X と X は独立であるかどうかを答えよ.

問題 2-18

a を 1, 2 ではない実数の定数とし, 確率変数 X は次の分布に従うとする.

X	1	2	a	計
P	$\dfrac{1}{4}$	$\dfrac{1}{4}$	$\dfrac{1}{2}$	1

$E(X^2) = (E(X))^2$ となるような a は存在するか？存在するなら, その値を求めよ. 存在しないなら, そのことを示せ.

問題 2-19

確率変数 X, Y が独立であるとき, 次の 2 つの確率変数は必ず独立であるか？そうであるなら, 証明せよ. そうでないなら, 一般に独立であるとは限らない理由を説明せよ.

(1) X^2 と Y

(2) $X + Y$ と $X - Y$

問題 2-20

ここまでに見てきた計算法則を確認しておこう.

s, t は実数とし, X, Y は確率変数とする（独立かどうかは不明）. 次の各計算法則は, 常に使えるものだろうか？

(1) 変換の期待値 $E(sX + t) = sE(X) + t$

(2) 変換の分散 $V(sX + t) = s^2 V(X)$

(3) 分散の計算 $V(X) = E(X^2) - (E(X))^2$

(4) 和の期待値 $E(X + Y) = E(X) + E(Y)$

(5) 和の分散 $V(X + Y) = V(X) + V(Y)$

(6) 積の期待値 $E(XY) = E(X)E(Y)$

(7) 積の分散 $V(XY) = V(X)V(Y)$

問題 2-21

p は $0 \leq p \leq 1$ を満たす実数とする. $0,\ 1$ の 2 値をとる確率変数 X が
$$P(X=1)=p,\ P(X=0)=1-p$$
という分布に従うものとする（ベルヌーイ分布と呼ぶ）. $1-p=q$ とおいておく.

(1) X の期待値 $E(X)$ と分散 $V(X)$ を $p,\ q$ を用いて表せ.

(2) n を自然数とし, X と同じ分布に従う n 個の互いに独立な確率変数 $X_k\ (1 \leq k \leq n)$ をとる. 確率変数 $Y = \sum_{k=1}^{n} X_k$, $Z = \dfrac{1}{n}\sum_{k=1}^{n} X_k$ の期待値と分散をそれぞれ求めよ.

問題 2-22

n は 2 以上の自然数とする. コインを n 回投げる. 確率変数 X を

・$X=k$（裏が初めて出るのが k 回目のとき）

・$X=n+1$（裏が出ないとき）

で定める.
$$E(X) = \sum_{k=1}^{n} k\left(\frac{1}{2}\right)^k + (n+1)\left(\frac{1}{2}\right)^n$$
である. "あること" を考えると
$$E(X) = 1 + \frac{1}{2} + \left(\frac{1}{2}\right)^2 + \cdots\cdots + \left(\frac{1}{2}\right)^n = 2 - \left(\frac{1}{2}\right)^n \quad \cdots\cdots \text{①}$$
と計算できることが分かって, これにより
$$\sum_{k=1}^{n} k\left(\frac{1}{2}\right)^k + (n+1)\left(\frac{1}{2}\right)^n = 2 - \left(\frac{1}{2}\right)^n$$
$$\therefore \quad \sum_{k=1}^{n} k\left(\frac{1}{2}\right)^k = 2 - (n+2)\left(\frac{1}{2}\right)^n$$
という風に, 期待値であることを利用して, 和を計算することができる.

"あること" とは, 何らかのベルヌーイ分布に従う確率変数の和によって X を表すことである. それが何であるかを考えてみよ.

問題 2-23

n は 2 以上の自然数とする．コインを n 回投げる．確率変数 X を

・$X=k$（裏が初めて出るのが k 回目のとき）

・$X=n+1$（裏が出ないとき）

で定める（前問と同じ）．$k=1,\ 2,\ \cdots\cdots,\ n$ に対して，確率変数 X_k を

$$X_k=1\ (\text{k 回目まですべて表が出る})$$

$$X_k=0\ (\text{k 回目までに少なくとも 1 回裏が出る})$$

で定めると，これらは互いに独立ではない．X は

$$X=1+X_1+X_2+\cdots\cdots+X_n \quad \cdots\cdots \quad ①$$

と表すことができる．また，

$$E(X_k)=1\Big(\frac{1}{2}\Big)^k+0=\Big(\frac{1}{2}\Big)^k$$

であるから，X の期待値は

$$E(X)=1+\frac{1}{2}+\Big(\frac{1}{2}\Big)^2+\cdots\cdots+\Big(\frac{1}{2}\Big)^n=2-\Big(\frac{1}{2}\Big)^n \quad \cdots\cdots \quad ②$$

である．これを用いて

$$\sum_{k=1}^{n}k\Big(\frac{1}{2}\Big)^k=2-(n+2)\Big(\frac{1}{2}\Big)^n \quad \cdots\cdots \quad ③$$

を導いた．

X の分散 $V(X)=E(X^2)-(E(X))^2$ を求めるために，$E(X^2)$ を計算してみよう．

①の両辺を 2 乗すると，

$$X^2=1+X_1^2+\cdots\cdots+X_n^2+2(X_1+X_2+\cdots\cdots+X_n)$$
$$+2(X_1X_2+X_1X_3+\cdots\cdots+X_{n-1}X_n) \quad \cdots\cdots \quad ④$$

である．これを利用して $E(X^2)$ を求め，$V(X)$ を求めよ．

問題 2-24

関数 $f(x)$ が，常に $f(x) \geqq 0$ で，$\int_\alpha^\beta f(x)dx = 1$ を満たすとき，この関数を"確率密度関数"にもつ"連続型確率変数"X を考えることができる（α, β は実数以外に，$\alpha = -\infty$ や $\beta = \infty$ も認める）．X のとりうる値は $\alpha \leqq X \leqq \beta$ であり，$\alpha \leqq a \leqq b \leqq \beta$ のとき，

$$P(a \leqq X \leqq b) = \int_a^b f(x)dx$$

である．期待値 $E(X)$ と分散 $V(X)$ は

$$E(X) = \int_\alpha^\beta xf(x)dx, \ V(X) = \int_\alpha^\beta (x-m)^2 f(x)dx$$

で定義され（ただし，$m = E(X)$ である），X^2 の期待値は

$$E(X^2) = \int_\alpha^\beta x^2 f(x)dx \ \cdots\cdots \ \text{①}$$

で定義される．

連続型確率変数でも $V(X) = E(X^2) - (E(X))^2$ という計算はできる．その理由を積分を使って説明せよ．

問題 2-25

m を実数，σ を正の実数とする．関数

$$f(x)=\frac{1}{\sqrt{2\pi}\sigma}e^{-\frac{(x-m)^2}{2\sigma^2}}$$

が確率密度関数であるような確率分布 X は，正規分布 $N(m,\sigma^2)$ に従うという．確率分布関数の定義を満たすこと，$E(X)=m$，$V(X)=\sigma^2$ であることは知られているが，数学Ⅲを用いても高校数学で確認することは難しい．また，

$$P(a\leqq X\leqq b)=\frac{1}{\sqrt{2\pi}\sigma}\int_a^b e^{-\frac{(x-m)^2}{2\sigma^2}}dx$$

であるが，積分を計算することもできない．そこで，正規分布表（標準正規分布 $N(0,1)$ に関しての積分結果の一覧表）と正規分布の変換を利用して値を求めることになる．実数 p,q を用いて確率変数 $Y=pX+q$ を定めると，Y も正規分布に従うことが知られている（ただし，$p\neq 0$ とする）．

(1) $Y=pX+q$ の確率密度関数 $g(x)$ を p,q を用いて表せ．

(2) 標準正規分布 Z を表すものとして適当なものを次から選べ．

⓪ $\dfrac{X-m}{\sigma^2}$　　① $\dfrac{X-m}{\sigma}$　　② $\dfrac{X+m}{\sigma^2}$　　③ $\dfrac{X+m}{\sigma}$

(3) Z についての確率で，$P(a\leqq X\leqq b)$ と等しいものの1つを a,b，m,σ を用いて表し，それを積分を用いても表せ．

問題 2-26

　サイコロを 6 万回振って 1 の目が出る回数を X とすると，X は二項分布 $B\left(60000, \dfrac{1}{6}\right)$ に従う．$1 \leqq k \leqq 60000$ に対し，確率変数 X_k を，「k 回目に 1 の目が出たら 1，その他の目が出たら 0」と定めると，ベルヌーイ分布に従う．$X = \displaystyle\sum_{k=1}^{60000} X_k$ である．1 の目が出る割合も確率変数で，$\overline{X} = \dfrac{1}{60000} \displaystyle\sum_{k=1}^{60000} X_k$ と表すことができる．これを標本平均という．

　この例のような，互いに独立で同様に分布する確率変数 X_k（$1 \leqq k \leqq n$）の標本平均 $\overline{X}$ は，次を満たす．

$$E(\overline{X}) = m, \ \sigma(\overline{X}) = \frac{\sigma}{\sqrt{n}} \quad (m = E(X_k), \ \sigma = \sigma(X_k))$$

　しかも，n が十分大きいとき，いくつかの近似が可能であることが知られている．その 1 つが大数の法則で，大雑把に言うと「$P(\overline{X} = m) \fallingdotseq 1$」というものである（正確には極限を用いて説明される）．これを総和 X の言葉で書くと，「$P(X = nm) \fallingdotseq 1$」ということである．さらに，$X$ が従う分布は，$N(nm, \ n\sigma^2)$ で近似できるという．これは中心極限定理と呼ばれる定理による．特に，二項分布 $B(n, \ p)$ に従う確率変数は，平均と分散が等しい正規分布の $N(np, \ npq)$ で近似できる（$q = 1 - p$ である）．

　サイコロを 6 万回振る試行をコンピュータを用いてシミュレーションすると，1 の目が 10056 回出るという結果になったとする（X の実現値の 1 つとしてこれが得られたということである）．何度か実験を繰り返すと，一番多いもので 10108 回であった．大数の法則を実感できる結果であるが，このズレはどう考えたら良いのだろうか？ 60000 は十分大きいとして，X を正規分布で近似してみよう．

(1)　$E(X)$，$\sigma(X)$ を求め，X が近似的に従う正規分布を答えよ．ただし，$\sqrt{\dfrac{5}{6}} = 0.9$ と近似し，正規分布もこの値を用いて答えよ．

(2)　標準正規分布に近似的に従う確率変数 Z を X の 1 次式で表せ．

(3)　章末の正規分布表を用いて，確率 $P(X > 10180)$ を求めよ．

問題 2-27

前問で紹介した大数の法則，中心極限定理は，X_k $(1 \leqq k \leqq n)$ が同じ分布に従う独立な確率変数であるというのが前提となっていた．

"ある事象が n 回中何回起きるか？" といったタイプでは，X_k を，

k 回目に事象が起きると 1 で，そうでないと 0

と定める．X_k の総和が考えるべき確率変数 X である．反復試行や，袋から球を取り出して戻すという作業を繰り返す試行では，X_k の条件は満たされている．しかし，袋から球を取り出す作業を<u>球を戻さずに繰り返す</u>，いわゆる "非復元抽出" では，独立性の仮定を満たしていない．

非復元抽出でも，母集団の大きさ（袋の中の球の個数）が標本の大きさ（取り出す回数）に比べて十分大きい場合には，非復元抽出を復元抽出で近似できるそうである．その様子を実際に確認してみよう．

袋の中に，$1 \sim 6$ の整数が書かれた球が 100 個ずつ，合計 600 個の球が入っている．その中から球を順に 60 個取り出す．ただし，取り出した球は袋に戻さない．$1 \leqq k \leqq 60$ に対し，確率変数 X_k を

k 回目に取り出した球が 1 であれば 1 で，そうでないと 0

と定める．また，確率変数 X を，60 回のうち 1 の球が出る回数と定める．

(1) 各 X_k は同じ分布に従うことを示せ．つまり，$P(X_k = 1)$ が k によらないことを示せ．

(2) X_1 と X_2 が独立ではないことを示せ．

(3) $P(X = 10)$ を求めよ．ただし，組合せや階乗などを含む形で良い．

(4) (3) の値を，小数第 7 位を四捨五入して求めよ．

(5) サイコロを 60 回振って 1 の目が 10 回出る確率を，小数第 7 位を四捨五入して求めよ．(4)，(5) ではコンピュータなどを用いて計算せよ．

問題 2-28

確率論は確率変数について考察するものであるが，統計学は実際に得られた確率変数の実現値を解析して推定するものである．まず，次のような問題を考えよう．

ある大学の入学試験は定員 150 名のところ 250 名の受験者がいた．試験の結果は 400 点満点の試験に対し，平均点は 250 点であり，合格最低点は小数点以下を切り上げると 238 点であったという．

得点の分布が正規分布であるとみなせるとするとき，得点の標準偏差として適するものを次から選べ．

  ⓪ 20 ① 30 ② 40 ③ 50 ④ 60

ただし，確率変数 Z が標準正規分布に従うとき，

$$P(Z>0.25)=0.4, \ P(Z>0.5)=0.3, \ P(Z>0.54)=0.2$$

とする．

---

(1) この問題を解け．

(2) 250 人の受験者から無作為に抽出した 100 人の平均点を $\overline{X}$ とおく．$\overline{X}$ は大きさ 100 の標本平均である．母集団の分布が正規分布であるとしているから，$\overline{X}$ も正規分布に従うとして良い．$\overline{X}$ の期待値 $E(\overline{X})$ と分散 $V(\overline{X})$ を求めよ．

(3) 実際に 100 人を選ぶと，$\overline{X}=245$ が得られたとする．全体の平均点（母平均）が 250 点であることを知らない人は，母平均を 245 点と推定する．次の 1），2）の場合について，母平均に対する信頼度 95% の信頼区間を $[a, \ b]$ の形で求めよ．ただし，確率変数 Z が標準正規分布に従うとき，

$$P(|Z| \leqq 1.96)=0.95$$

とする．

1) 母標準偏差が（1）で求めた値であると知っている場合，

2) 母標準偏差を知らない場合は，100 人の得点の標本標準偏差を，母標準偏差の推定値として利用する．標本標準偏差が 45 である場合．

問題 2-29

問題 2-26 では，サイコロを 6 万回振って 1 の目が出る回数 X について考察し，$P(X > 10180) = 0.0228$ であることを確認した．「6 万回振る試行を 100 回行って，1 の目が出る回数が 10180 回を超えるのはわずか 2 回ほどになるだろう」ということである．さらに，10233 回以上 1 の目が出るのは，200 回に 1 回ほどと推定できるのであった．

これは，1 の目が確率 $\dfrac{1}{6}$ で出るサイコロであるという前提で計算したものである．これを前提とせず，「本当に確率 $\dfrac{1}{6}$ で 1 の目が出るのか？」を検証したいとする．その際は，基準を設ける必要がある．例えば，基準を 1% に設定する．もしサイコロを 6 万回振って 1 の目が 10233 回出たら，10233 回以上出る確率は基準値（1%）未満であるから，「1 の目が出る確率が $\dfrac{1}{6}$ である」という仮説を棄却する．「有意水準 1% で棄却された」という言い方をする．有意性検定，仮説検定という手法である．ただし，これは，「10233 回以上出る確率」を考えたので，片側検定という．

あるサイコロを 10 回振ると 1 の目が 5 回出たとする．

(1) 有意水準 1% で「1 の目が出る確率が $\dfrac{1}{6}$ である」という仮説が棄却されるかどうか答えよ（正規分布に従うとは仮定しない）．数値計算にはコンピュータを用いても良い．

(2) 1 の目が出る回数を表す確率変数 X が近似的に正規分布に従うとして，(1) と同様の考察をせよ．ただし，章末の正規分布表を用いて良い．

問題 2-1

次の各 □ にあてはまる言葉や記号を入れよ.

試行 T の結果として起こること（a_1, a_2, ……, a_m とおく）をすべて集めた集合が全事象である. それを U とおくと, U の部分集合が事象である.

確率 $P(A)$ は, 各事象 A に対して確率の値を定めるルールと考えることができる. その際, 各根元事象 A_k ($1 \leqq k \leqq m$), つまり, 要素が1つのみである U の部分集合 $A_k = \{a_k\}$ の確率 $P(A_k)$ と $P(\varnothing) = 0$ を定めるだけで, すべての確率は定まる. なぜなら, 事象はいくつかの根元事象の ① として表されるからである. さらに, 一般に

$$P(A \cup B) = P(A) + P(B) - \boxed{②}$$

が成り立ち, 根元事象については

$$A_k \cap A_l = \boxed{③} \quad (k \neq l)$$

であるからである.

X が ④ であるとは, 試行 T の各結果（U の要素 a_1, a_2, ……, a_m）に対して1つの数値を与えるルール（関数）であることである. X のとりうる値が x_1, x_2, ……, x_n の n 個であるとき, $X = x_k$ ($1 \leqq k \leqq n$) となる結果からなる集合は, U の部分集合であるから, ⑤ である.

$P(X = x_k)$ の全体を, X の ⑥ という. これは

X	x_1	x_2	$\cdots$	x_n	計
確率	p_1	p_2	$\cdots$	p_n	1

といった表のことであると考えてもよい.

【ヒント】

数学 I, 数学 A, 数学 B の教科書を調べてみよ.

【解答・解説】

試行 T の結果として起こる事柄をすべて集めた集合

$$U = \{a_1,\ a_2,\ \cdots\cdots,\ a_m\}$$

を全体集合として，各事象は U の部分集合として表すことができる．そのため，事象は部分集合である，とも考えることになっている．特に，U に対応する事象が全事象である．

$$A_k = \{a_k\}\ (1 \leq k \leq m)$$

とおくと，これらが根元事象である．

$$\varnothing,\ A_1,\ \cdots,\ A_m,\ A_1 \cup A_2,\ \cdots,\ U$$

が事象であり，特に，

$$U = A_1 \cup A_2 \cup \cdots\cdots \cup A_m$$

である．このように，各事象はいくつかの根元事象の ①和集合 である．

$$P(A \cup B) = P(A) + P(B) - P(A \cap B)\quad (②)$$

であり，排反，つまり，$A \cap B = \varnothing$ のとき，

$$P(A \cup B) = P(A) + P(B)$$

である．根元事象について

$$A_k \cap A_l = \varnothing\ (k \neq l)\quad (③)$$

であるから，$P(A_k)\,(1 \leq k \leq m)$ が定まれば，あらゆる事象の確率が定まる．

確率 $P(A)$ を関数と見ると，定義域は，「事象全体の集合」で，言い換えると「U の部分集合全体の集合」である．つまり，$P(A)$ に代入できるのは，

$$\{\varnothing,\ A_1,\ \cdots,\ A_m,\ A_1 \cup A_2,\ \cdots,\ U\}$$

の要素である．

一方，U を定義域として，実数の値をとる関数は，④確率変数 である．U を定義域とするということは，試行 T の結果である $a_1,\ a_2,\ \cdots\cdots,\ a_m$ のそれぞれに，X の値を対応させるルールである．X のとりうる値について，$X = x_k$ となる結果がいくつかあるはずで，それらの集合は U の部分集合になる．つまり，⑤事象 である．その事象を B_k と表すことにすると，$X = x_k$ となる確率 $P(X = x_k)$ とは，$P(B_k)$ のことである．

これらをまとめたものを，X の ⑥確率分布（または，分布）という．分布を主として考えるときは，確率変数 X はこの分布に従う，という．

■

　事象 A, B について，A かつ B である確率が，確率の積 $P(A) \times P(B)$ と一致するかどうかは「独立」という概念につながる．「独立」にはいくつかの種類があることに注意しよう．

(1)　2つの試行が互いに他方の結果に影響を及ぼさないとき，2つの試行は「独立」であるという．2つの独立な試行 S, T があり，いずれも根元事象は同様に確からしいものとする．試行 S, T の全事象をそれぞれ U, V とし，試行 S で事象 A が起こる確率を $P(A)$，試行 T で事象 B が起こる確率を $P(B)$ と表す．また，S では事象 A が起こり，かつ，T では事象 B が起こるという事象を C とし，C が起こる確率を $P(C)$ と表す．

　3つの確率 $P(A)$, $P(B)$, $P(C)$ を $n(U)$, $n(V)$, $n(A)$, $n(B)$ を用いて表せ．

(2)　試行 T で起こる事象 A, B について，$P(A \cap B) = P(A) \times P(B)$ が成り立つとき，2つの事象 A, B は「独立」であるという．

　空でない事象 A, B が独立であるとする．このとき，$P(A)$, $P(B)$ のうち必ず $P_A(B)$ と一致するのはどちらか答えよ．

(3)　n は6以下の自然数とする．1以上 n 以下の自然数を1つ選ぶという試行 T において，偶数を選ぶという事象を A とし，3の倍数を選ぶという事象を B とする．A と B が独立になるような n をすべて求めよ．

【解答・解説】

(1)　根元事象が同様に確からしいから，

$$P(A) = \frac{n(A)}{n(U)}, \ P(B) = \frac{n(B)}{n(V)}$$

　S, T が独立であるから，S, T の結果を順に並べたもの

$$W = \{(u, \ v) \mid u \in U, \ v \in V\}$$

を全事象として，

$$C = \{(u, \ v) \mid u \in A, \ v \in B\}$$

である．$n(W) = n(U) \times n(V)$，$n(C) = n(A) \times n(B)$ であるから，

$$P(C) = \frac{n(C)}{n(W)} = \frac{n(A) \times n(B)}{n(U) \times n(V)}$$

である（これは，$P(C) = P(A) \times P(B)$ を意味している）．

（2）　　　$$P_A(B) = \frac{P(A \cap B)}{P(A)} = \frac{P(A) \times P(B)}{P(A)} = P(B)$$

（3）　各 n について，確率を求めると以下の通りである．

n	$P(A)$	$P(B)$	$P(A \cap B)$
1	0	0	0
2	$\frac{1}{2}$	0	0
3	$\frac{1}{3}$	$\frac{1}{3}$	0
4	$\frac{1}{2}$	$\frac{1}{4}$	0
5	$\frac{2}{5}$	$\frac{1}{5}$	0
6	$\frac{1}{2}$	$\frac{1}{3}$	$\frac{1}{6}$

$P(A \cap B) = P(A) \times P(B)$ が成り立つ n は $n = 1,\ 2,\ 6$ である．

■

※　「試行の独立」は，2つの試行が互いに無関係であるということ．解答のように，2つの試行の結果の組を考えたら，

　　　　　（"かつ"の確率）＝(確率の積)

である．ただし，"かつ"の前後にくるのは，1つ目の試行での事象と2つ目の試行での事象となる（例えば，サイコロを振って1の目が出る，かつ，コインを振って表が出る）．試行が独立であるから，どんな事象であっても，確率の積で"かつ"の確率が求まる．

　一方で，「事象の独立」では，1つの試行での事象 A，B についても考える．A，B が空事象でないとき，$P_A(B) = P(B)$ が独立の定義と同値となるが，対称性から $P_B(A) = P(A)$ でも良い（どちらかが空なら，必ず独立である！）．独立の意味は，「無関係」というよりは，全体での比と部分での比が同じになるということである（右の表は，(3)の $n = 6$ での様子）．

	A	$\overline{A}$
B	6	3
$\overline{B}$	2, 4	1, 5

サイコロを2回振り，1回目に出る目を a とし，2回目に出る目を b とする．a, b を用いて2次方程式

$$x^2 - ax + b = 0 \quad \cdots\cdots \quad (*)$$

を作る．このとき，次の X は確率変数であるかどうか答えよ．

(1) $(*)$ の実数解の個数 X

(2) $(*)$ の解 X

(3) $(*)$ の2解のうち正であるものの和 X

【ヒント】

確率変数は関数であるから，どんな a, b に対しても値を定め，しかも，それはただ1つである．そうでないものは，確率変数ではない．

この観点がなかった人は，改めて考えてみよう！

【解答・解説】

(1) $(*)$ の判別式が正・0・負の順に，$X = 2$, 1, 0 という値になる．どんな a, b に対しても，X の値はただ1つに決まるので，確率変数である．

(2) $(*)$ の解は，例えば，$a = 3$, $b = 2$ のとき，$x = 1$, 2 である．確率変数は，a, b に対して値をただ1つに決めるものであるから，解を X と定めても，確率変数ではない．

(3) $(*)$ の解は，例えば，$a = 2$, $b = 2$ のとき，$x = 1 \pm i$ で，正の解はない．確率変数は，どんな a, b に対しても値を定めなければならないから，正の解の和を X と定めても，確率変数ではない．

■

※ (3)に，「正の解がない場合は0と定める」を追加したら X は確率変数である．また，「解の和」に変更したら，$X = a$ （一定）であり，これも確率変数である．

確率変数の期待値 (平均) とデータの平均について考察しよう.

サイコロを 1 つ振る試行において, 各目の出る確率は $\dfrac{1}{6}$ である. 出る目を X と定めると, X は確率変数であり, 確率分布は次のようになる.

X	1	2	3	4	5	6	計
P	$\dfrac{1}{6}$	$\dfrac{1}{6}$	$\dfrac{1}{6}$	$\dfrac{1}{6}$	$\dfrac{1}{6}$	$\dfrac{1}{6}$	1

すると, X の期待値 (平均) $E(X)$ を考えることができる.

$$E(X) = 1 \cdot \frac{1}{6} + 2 \cdot \frac{1}{6} + 3 \cdot \frac{1}{6} + 4 \cdot \frac{1}{6} + 5 \cdot \frac{1}{6} + 6 \cdot \frac{1}{6} = \frac{7}{2}$$

次に, 実際にサイコロを 6 回振って, 目が次のように出たとする.

$$2, \ 5, \ 3, \ 1, \ 1, \ 6$$

このデータでは, 各目の出る確率は順に

$$\frac{1}{3}, \ \frac{1}{6}, \ \frac{1}{6}, \ 0, \ \frac{1}{6}, \ \frac{1}{6}$$

であり, 平均値は

$$1 \cdot \frac{1}{3} + 2 \cdot \frac{1}{6} + 3 \cdot \frac{1}{6} + 4 \cdot 0 + 5 \cdot \frac{1}{6} + 6 \cdot \frac{1}{6} = \frac{18}{6} = 3$$

である. これらが, 確率分布, 期待値となるように確率変数 Y を定めよ.

【ヒント】

確率変数, 期待値は, 確率変数に対して定義される. 確率変数を考えるには, 全事象を何にするのかを設定する必要がある. つまり, 試行を何にするのかを考えると良い.

この観点がなかった人は, 改めて考えてみよう!

【解答・解説】

得られたデータ

$$2, \ 5, \ 3, \ 1, \ 1, \ 6$$

から 1 つ数字を選ぶという試行 T を考える. 選ばれる数を Y と定めると,

Yは確率変数である。Yのとりうる値は 1, 2, 3, 5, 6 であるが，便宜上，4 もとることにする。すると，Yの確率分布は

Y	1	2	3	4	5	6	計
P	$\dfrac{1}{3}$	$\dfrac{1}{6}$	$\dfrac{1}{6}$	0	$\dfrac{1}{6}$	$\dfrac{1}{6}$	1

であり，期待値は

$$E(Y) = 1 \cdot \frac{1}{3} + 2 \cdot \frac{1}{6} + 3 \cdot \frac{1}{6} + 4 \cdot 0 + 5 \cdot \frac{1}{6} + 6 \cdot \frac{1}{6} = \frac{18}{6} = 3$$

■

※ データは，確率変数Xの実現値である。Xの問題としては，「そのデータに対応する事象が起こる確率は？」などを考える。

　一方，データの分析では，得られた結果について考える。そのために平均や分散などを考えるが，「確率変数での平均や分散と同じだ」と言えるのだろうか？もちろん，確率変数Xの平均や分散とは違う。

　そのためには，データを全事象として，"その場限りの確率変数・確率分布"を考える。つまり，データの中から 1 つを取り出して，その結果をもとに確率変数Yを定める。すると，「データの平均値」は「確率変数Yの期待値」と一致する。本問のデータは「6 回の平均」が 3 であった。

　では，「データの得られ方は確率によって制御されている」という観点ではどうなるだろうか？

　実際に 6 回振って実験をするのではなく，確率変数を考えることになる。つまり，X_kをk回目の出目と定めると，これはXと同じ分布に従っている。X_1, X_2, X_3, X_4, X_5, X_6 の平均は，

$$\frac{X_1 + X_2 + X_3 + X_4 + X_5 + X_6}{6} = Z$$

という確率変数である。各X_kの期待値が$E(X_k) = \dfrac{7}{2}$であるから，

$$E(Z) = \frac{1}{6}\left(\frac{7}{2} + \frac{7}{2} + \frac{7}{2} + \frac{7}{2} + \frac{7}{2} + \frac{7}{2}\right) = \frac{7}{2}$$

　先ほどのデータは，Zの実現値として$Z = 3$となったわけだが，「期待値より少し小さい平均値をとるデータになったな」と見ればよい。

　例えば，英語と数学のテストを行って，それぞれの平均点が分かれば，合計点の平均は，平均点の和として求めることができる．「和の平均は，平均の和」となる．ここまではデータの話であるが，これと同じことが確率変数での期待値でも可能である．つまり，「2つの確率変数 X, Y の和を $Z = X + Y$ とすると，Z も確率変数で，$E(X + Y) = E(X) + E(Y)$ が成り立つ」ということである．これを詳しく見ていきたい．まずは，1つの試行において2つの確率変数を考えてみる．

　サイコロを2つ振る試行を考え，X は2の目が出る個数，Y は偶数の目が出る個数とする．

(1)　期待値 $E(X)$, $E(Y)$ を求めよ．

(2)　$Z = X + Y$ とおくと，Z のとりうる値は，0, 1, 2, 3, 4 である．Z の確率分布を表にまとめよ．

(3)　$E(Z)$ を求めよ．

【ヒント】

　例えば，$Z = 1$ となるのは $(X, Y) = (1, 0)$, $(0, 1)$ の場合が考えられるが，実際には，2は偶数であるから，$(X, Y) = (1, 0)$ はありえない．

　この観点がなかった人は，改めて考えてみよう！

【解答・解説】

(1)　X, Y の分布，期待値は次のようになる．

X	0	1	2	計
P	$\dfrac{25}{36}$	$\dfrac{5}{18}$	$\dfrac{1}{36}$	1

Y	0	1	2	計
P	$\dfrac{1}{4}$	$\dfrac{1}{2}$	$\dfrac{1}{4}$	1

$$E(X) = 1 \cdot \frac{5}{18} + 2 \cdot \frac{1}{36} = \frac{1}{3}$$

$$E(Y) = 1 \cdot \frac{1}{2} + 2 \cdot \frac{1}{4} = 1$$

(2)　$Z = 0$ となるのは，$(X, Y) = (0, 0)$ のときで，2つとも奇数が出るときである．

$Z=1$ となるのは, $(X, Y)=(0, 1)$ のときで, 1つは奇数で, 1つは4, 6が出るときである.

$Z=2$ となるのは, $(X, Y)=(0, 2)$, $(1, 1)$ のときである. 前者は2つとも4, 6が出るとき, 後者は1つは奇数で, 1つは2が出るときである.

$Z=3$ となるのは, $(X, Y)=(1, 2)$ のときで, 1つは2で, 1つは4, 6が出るときである.

$Z=4$ となるのは, $(X, Y)=(2, 2)$ のときで, 2つとも2が出るときである.

$$P(Z=0)=\frac{1}{4}, \ P(Z=1)=2 \cdot \frac{1}{2} \cdot \frac{1}{3}=\frac{1}{3}$$

$$P(Z=2)=\frac{1}{9}+2 \cdot \frac{1}{2} \cdot \frac{1}{6}=\frac{5}{18}$$

$$P(Z=3)=2 \cdot \frac{1}{6} \cdot \frac{1}{3}=\frac{1}{9}, \ P(Z=4)=\frac{1}{36}$$

Z	0	1	2	3	4	計
P	$\frac{1}{4}$	$\frac{1}{3}$	$\frac{5}{18}$	$\frac{1}{9}$	$\frac{1}{36}$	1

(3)
$$E(Z)=1 \cdot \frac{1}{3}+2 \cdot \frac{5}{18}+3 \cdot \frac{1}{9}+4 \cdot \frac{1}{36}=\frac{4}{3}$$

■

※ ここでいう $E(Z)$ は何を意味しているだろうか?

36通りの結果それぞれについて X, Y の値を求め, 36個の $Z=X+Y$ を求める. それらすべてを足して36で割ったものが $E(Z)$ である.

これが $E(X)$ と $E(Y)$ の和になることはすぐに分かる.

一般的に $E(X+Y)=E(X)+E(Y)$ が成り立つことを確認するには, 次のような確率的な視点も必要になる:

$$P(X=k) \ (k=0, 1, 2)$$
$$=P(X=k, Y=0)+P(X=k, Y=1)+P(X=k, Y=2)$$

詳細は次の問題で.

なお, $P(X=k, Y=0)$ は, $X=k$ であり, かつ, $Y=0$ となる確率である. 他も同様である. 集合の記号を用いた表記の $P(X=k \cap Y=0)$ は相応しくない.

88

前問では，サイコロを2つ振る試行を考え，Xを2の目が出る個数，Yを偶数の目が出る個数とし，$Z=X+Y$とおいた．

$$E(Z)=1\cdot\frac{1}{3}+2\cdot\frac{5}{18}+3\cdot\frac{1}{9}+4\cdot\frac{1}{36}=\frac{4}{3}$$

と計算した．この計算を少し詳しく見ると，例えば，$1\cdot\dfrac{1}{3}$の部分は

$$(1+0)\cdot P(X=1,\ Y=0)+(0+1)\cdot P(X=0,\ Y=1)$$

である．さらに，Xに関する部分とYに関する部分に分けると

$$\{1\cdot P(X=1,\ Y=0)+0\cdot P(X=0,\ Y=1)\}$$
$$+\{0\cdot P(X=1,\ Y=0)+1\cdot P(X=0,\ Y=1)\}$$

である．

このように考えることで，$E(Z)=E(X)+E(Y)$が成り立つ理由を説明せよ．その際，X, Yの同時分布が次のようになることを用いて良い．

Y＼X	0	1	2	計
0	$\dfrac{1}{4}$	0	0	$\dfrac{1}{4}$
1	$\dfrac{1}{3}$	$\dfrac{1}{6}$	0	$\dfrac{1}{2}$
2	$\dfrac{1}{9}$	$\dfrac{1}{9}$	$\dfrac{1}{36}$	$\dfrac{1}{4}$
計	$\dfrac{25}{36}$	$\dfrac{5}{18}$	$\dfrac{1}{36}$	1

【ヒント】

前問の解説の最後で見た以下の考え方を利用してみよう．

$$P(X=k)\ (k=0,\ 1,\ 2)$$
$$=P(X=k,\ Y=0)+P(X=k,\ Y=1)+P(X=k,\ Y=2)$$

この観点がなかった人は，改めて考えてみよう！

【解答・解説】

$$E(Z) = 1 \cdot \frac{1}{3} + 2 \cdot \frac{5}{18} + 3 \cdot \frac{1}{9} + 4 \cdot \frac{1}{36}$$

$$= (0+1) \cdot \frac{1}{3} + (1+1) \cdot \frac{1}{6} + (0+2) \cdot \frac{1}{9}$$

$$+ (1+2) \cdot \frac{1}{9} + (2+2) \cdot \frac{1}{36}$$

$$= \left(1 \cdot \frac{1}{6} + 1 \cdot \frac{1}{9} + 2 \cdot \frac{1}{36} \right)$$

$$+ \left(1 \cdot \frac{1}{3} + 1 \cdot \frac{1}{6} + 2 \cdot \frac{1}{9} + 2 \cdot \frac{1}{9} + 2 \cdot \frac{1}{36} \right)$$

$$= \left(1 \cdot \frac{5}{18} + 2 \cdot \frac{1}{36} \right) + \left(1 \cdot \frac{1}{2} + 2 \cdot \frac{1}{4} \right)$$

$$= E(X) + E(Y)$$

■

※ これは X, Y のとりうる値の個数によらず, 次のように一般化できる.

確率変数 X, Y のとりうる値が

$$X = x_k \ (k = 1, 2, \cdots\cdots, m), \ Y = y_l \ (l = 1, 2, \cdots\cdots, n)$$

であるとする.

$$P(X = x_k, Y = y_1) + \cdots\cdots + P(X = x_k, Y = y_n)$$
$$= P(X = x_k) \ (k = 1, 2, \cdots\cdots, m),$$
$$P(X = x_1, Y = y_l) + \cdots\cdots + P(X = x_m, Y = y_l)$$
$$= P(Y = y_l) \ (l = 1, 2, \cdots\cdots, n)$$

であるから,

$E(X+Y)$
$= (x_1 + y_1)P(X = x_1, Y = y_1) + \cdots + (x_1 + y_n)P(X = x_1, Y = y_n)$
$+ (x_2 + y_1)P(X = x_2, Y = y_1) + \cdots + (x_2 + y_n)P(X = x_2, Y = y_n)$
$+ \cdots\cdots$
$+ (x_k + y_1)\boxed{P(X = x_k, Y = y_1)} + \cdots + (x_k + y_n)\boxed{P(X = x_k, Y = y_n)}$
$+ \cdots\cdots$
$+ (x_m + y_1)P(X = x_m, Y = y_1) + \cdots + (x_m + y_n)P(X = x_m, Y = y_n)$
$= \displaystyle\sum_{k=1}^{m} x_k \boxed{P(X = x_k)} + \sum_{l=1}^{n} y_l P(Y = y_l)$
$= E(X) + E(Y)$

が成り立つ.

前問と同じ X, Y について考える．サイコロを 2 つ振る試行において，X は 2 の目が出る個数，Y は偶数の目が出る個数である．

これらの積 XY も確率変数である．期待値の積 $E(X) \cdot E(Y)$ と積の期待値 $E(XY)$ の 2 つの値が一致するかどうかを調べよ．

【ヒント】

問題 2-5 で作った分布表を参照せよ．X, Y は"密接に関連している"から，各事象の確率は丁寧に考えよう．

この観点がなかった人は，改めて考えてみよう！

【解答・解説】

X	0	1	2	計
P	$\dfrac{25}{36}$	$\dfrac{5}{18}$	$\dfrac{1}{36}$	1

Y	0	1	2	計
P	$\dfrac{1}{4}$	$\dfrac{1}{2}$	$\dfrac{1}{4}$	1

$$E(X) = 1 \cdot \frac{5}{18} + 2 \cdot \frac{1}{36} = \frac{1}{3}$$

$$E(Y) = 1 \cdot \frac{1}{2} + 2 \cdot \frac{1}{4} = 1$$

であるから，期待値の積は

$$E(X) \cdot E(Y) = \frac{1}{3}$$

である．次に積 XY について考える．とりうる値は 0, 1, 2, 4 である．

$XY = 0$ となるのは，X, Y の少なくとも一方が 0 のときである．$Y = 0$ なら $X = 0$ なので，$X = 0$，つまり，2 が出ないということである．

$XY = 1$ となるのは，$X = Y = 1$ のときである．それは，1 個が 2 でもう 1 個が奇数ということである．

$XY = 2$ となるのは，$(X, Y) = (1, 2), (2, 1)$ のときである．$(2, 1)$ は起こらず，$(1, 2)$ は 1 個が 2 でもう 1 個が 4 か 6 ということである．

$XY = 4$ となるのは，$X = Y = 2$ のときである．これは，2 個とも 2 ということである．

以上から積の期待値は

$$E(XY) = 0 \cdot \frac{25}{36} + 1 \cdot \frac{2 \cdot 3}{36} + 2 \cdot \frac{2 \cdot 2}{36} + 4 \cdot \frac{1}{36} = \frac{1}{2}$$

である.

期待値の積 $E(X) \cdot E(Y)$ と積の期待値 $E(XY)$ は一致しない.

■

※　2つの確率変数の積も確率変数である.

一般に，どんな確率変数 X, Y についても

$$E(X + Y) = E(X) + E(Y)$$

は成り立つ.「和の期待値」と「期待値の和」は必ず一致する.

しかし，一般に，確率変数 X, Y について

$$E(XY) = E(X) \cdot E(Y) \quad \text{☜ 成り立たないことがある！}$$

が成り立つとは限らない.「積の期待値」と「期待値の積」は必ずしも一致するわけではない.

もちろん，積の法則が成り立つこともある.例えば，$Y = c$ という定数であるときなどである.このときは，

$$P(Y = c) = 1, \ E(Y) = c \cdot 1 = c$$

である. X のとりうる値を x_k ($k = 1, 2, \cdots\cdots, n$) とすると,

$$E(XY) = E(cX) = \sum_{k=1}^{n} c x_k P(X = x_k)$$

$$= c \left(\sum_{k=1}^{n} x_k P(X = x_k) \right) = cE(X) = E(X)E(Y)$$

であるから，積の法則が成り立つ.

これは，定数倍に関する法則として重要な法則である.

$$E(cX) = cE(X) \ (c \text{ は定数})$$

定数を加えても良い.

$$E(X + c) = E(X) + E(c) = E(X) + c$$

である.これらをまとめると，定数 a, b について

$$E(aX + b) = aE(X) + b$$

が成り立つ.確率変数の変換 $Y = aX + b$ の性質で，よく使う公式である.

問題 2-6 では

$$P(X=k) \quad (k=1, 2, 3)$$

$$=P(X=k, Y=0)+P(X=k, Y=1)+P(X=k, Y=2)$$

を利用して，$E(X+Y)=E(X)+E(Y)$ となる理由を詳しく考察した．同じように考察することで，問題 2-7 で $E(XY) \neq E(X) \cdot E(Y)$ となった理由を考察せよ．

【ヒント】

$$E(XY)=0 \cdot P(XY=0)+1 \cdot P(XY=1)$$

$$+2 \cdot P(XY=2)+4 \cdot P(XY=4)$$

$$E(X) \cdot E(Y)=\{0 \cdot P(X=0)+1 \cdot P(X=1)+2 \cdot P(X=2)\}$$

$$\times\{0 \cdot P(Y=0)+1 \cdot P(Y=1)+2 \cdot P(Y=2)\}$$

である．$E(X) \cdot E(Y)$ の右辺を展開すると，一致しない理由が見えてくるのではないだろうか．

この観点がなかった人は，改めて考えてみよう！

【解答・解説】

ヒントの $E(X) \cdot E(Y)$ の右辺を展開すると，

$$E(X) \cdot E(Y)$$

$$=0 \cdot \{P(X=0) \cdot \{P(Y=0)+P(Y=1)+P(Y=2)\}$$

$$+P(X=1) \cdot P(Y=0)+P(X=2) \cdot P(Y=0)\}$$

$$+1 \cdot P(X=1) \cdot P(Y=1)$$

$$+2 \cdot \{P(X=1) \cdot P(Y=2)+P(X=2) \cdot P(Y=1)\}$$

$$+4 \cdot P(X=2) \cdot P(Y=2)$$

$$=0 \cdot \frac{111}{144}+1 \cdot \frac{5}{36}+2 \cdot \frac{1}{12}+4 \cdot \frac{1}{144}=\frac{1}{3}$$

X	0	1	2	計
P	$\frac{25}{36}$	$\frac{5}{18}$	$\frac{1}{36}$	1

Y	0	1	2	計
P	$\frac{1}{4}$	$\frac{1}{2}$	$\frac{1}{4}$	1

$$E(XY) = 0 \cdot \frac{25}{36} + 1 \cdot \frac{2 \cdot 3}{36} + 2 \cdot \frac{2 \cdot 2}{36} + 4 \cdot \frac{1}{36} = \frac{1}{2}$$

$$E(X) \cdot E(Y) = 0 \cdot \frac{111}{144} + 1 \cdot \frac{5}{36} + 2 \cdot \frac{1}{12} + 4 \cdot \frac{1}{144} = \frac{1}{3}$$

において, 0, 1, 2, 4 と掛けられている数が違う. 計算すると結果的に一致する可能性はあるが, 今回は不一致であった.

■

※ 確率変数 X, Y のとりうる値が

$$X = x_k \ (k = 1, \ 2, \ \cdots\cdots, \ m), \ Y = y_l \ (l = 1, \ 2, \ \cdots\cdots, \ n)$$

であるとする. 確率変数 X, Y が独立であるとは,

$$P(X = x_k, \ Y = y_l) = P(X = x_k) \cdot P(Y = y_l)$$

がすべての k, l について成り立つことである.

試行・事象・確率変数で3種類の「独立性」がある.

X, Y を定める試行が独立のとき, 確率変数 X, Y は独立である. これは, 「事象 $X = x_k$ と事象 $Y = y_l$ がすべての k, l で独立」ということ.

※ 本問での確率変数 X, Y は独立ではない.

もしも, 0, 1, 2 の値をとる X, Y が独立であったら, 解答の計算は

$$E(X) \cdot E(Y)$$
$$= 0 \cdot \{P(X = 0, \ Y = 0) + P(X = 0, \ Y = 1) + P(X = 0, \ Y = 2)$$
$$+ P(X = 1, \ Y = 0) + P(X = 2, \ Y = 0)\}$$
$$+ 1 \cdot P(X = 1, \ Y = 1)$$
$$+ 2 \cdot \{P(X = 1, \ Y = 2) + P(X = 2, \ Y = 1)\}$$
$$+ 4 \cdot P(X = 2, \ Y = 2)$$
$$= 0 \cdot P(XY = 0) + 1 \cdot P(XY = 1)$$
$$+ 2 \cdot P(XY = 2) + 4 \cdot P(XY = 4)$$
$$= E(XY)$$

と続く. このように, 一般に, X, Y が独立であるとき, 「積の期待値」と「期待値の積」は一致し, $E(XY) = E(X) \cdot E(Y)$ が成り立つ. 独立でないときは, 成り立つとは限らない (通常は成り立たない).

a を 1, 2 ではない実数の定数とし，確率変数 X, Y の同時分布が次のようになっているとする．

Y＼X	1	2	a	計
0	$\dfrac{1}{3}$	$\dfrac{1}{6}$	$\dfrac{1}{12}$	$\dfrac{7}{12}$
1	$\dfrac{1}{6}$	$\dfrac{1}{12}$	$\dfrac{1}{6}$	$\dfrac{5}{12}$
計	$\dfrac{1}{2}$	$\dfrac{1}{4}$	$\dfrac{1}{4}$	1

（1）　X, Y は独立であるかどうかを調べよ．

（2）　$E(XY)=E(X)\cdot E(Y)$ が成り立つような実数 a は存在するか．するならその値を求めよ．しないなら，そのことを示せ．

【ヒント】

"かつの確率"がすべて"確率の積"になれば独立である．1つでもそうでない組があれば，独立ではない．

X, Y が独立であれば，どんな a であっても $E(XY)=E(X)\cdot E(Y)$ が成り立つ．独立でないとしても，a の値によっては $E(XY)=E(X)\cdot E(Y)$ が成り立つことがあるかも知れない．

この観点がなかった人は，改めて考えてみよう！

【解答・解説】

(1)　独立ではない．なぜなら，

$$P(X=1, Y=0)=\frac{1}{3}$$

$$P(X=1)\cdot P(Y=0)=\frac{1}{2}\cdot\frac{7}{12}=\frac{7}{24}$$

で，2つは等しくないからである．

(2)　X, Y が独立でないから，$E(XY)=E(X)\cdot E(Y)$ が成り立つ a が存在するかどうかを考える．

$$E(X) = 1 \cdot \frac{1}{2} + 2 \cdot \frac{1}{4} + a \cdot \frac{1}{4} = \frac{a+4}{4}$$

$$E(Y) = 0 + 1 \cdot \frac{5}{12} = \frac{5}{12}$$

$$E(XY) = 0 + 1 \cdot \frac{1}{6} + 2 \cdot \frac{1}{12} + a \cdot \frac{1}{6} = \frac{a+2}{6}$$

であるから，$E(XY) = E(X) \cdot E(Y)$ が成り立つ条件は

$$\frac{a+2}{6} = \frac{a+4}{4} \cdot \frac{5}{12}$$

$$8a + 16 = 5a + 20$$

$$\therefore \quad a = \frac{4}{3}$$

である．

∎

※ $X = 1, 2, a$ となる確率の比は

$$2 : 1 : 1 \quad \cdots\cdots \quad ①$$

である．$Y = 0$ となるときの $X = 1, 2, a$ となる条件付き確率の比は

$$4 : 2 : 1 \quad \cdots\cdots \quad ②$$

であり，$Y = 1$ となるときの $X = 1, 2, a$ となる条件付き確率の比は

$$2 : 1 : 2 \quad \cdots\cdots \quad ③$$

確率変数 X, Y が独立になるのは，②，③が①と等しいときである．
$Y = 0, 1$ となる確率，条件付き確率の比を考えても良い．

※ 確率変数 X, Y が独立であるとき，

$$E(XY) = E(X) \cdot E(Y)$$

が成り立つ．

独立でないときにはどうなるか？

だいたいは，成り立たない．しかし，必ず不成立であるとは言えない！
たまたま結果が等しくなることはあるので，注意しておきたい．これを
怠ると，問題を作るときに作成者がミスをする可能性があるし，解くと
きに受験生が思い込みで失敗してしまう可能性もある．

独立な確率変数 X, Y の同時分布が次のようになっているとする.

Y＼X	0	1	2	計
0	$\dfrac{1}{3}$	①	②	③
1	④	⑤	⑥	⑦
計	$\dfrac{1}{2}$	⑧	$\dfrac{1}{6}$	1

①～⑧に入る数を求めよ.

【ヒント】

どの順に決まっていくだろうか？すぐに分かるのは④, ⑧である. ④により, $X=0$ のときに $Y=0$, 1 となる条件付き確率が分かる. ⑧により, $X=0$, 1, 2 となる確率が分かる. X, Y が独立であるという条件のもとでは, これらはどういう意味をもつだろうか？

この観点がなかった人は, 改めて考えてみよう！

【解答・解説】

$$④=\frac{1}{2}-\frac{1}{3}=\frac{1}{6}, \quad ⑧=1-\frac{1}{2}-\frac{1}{6}=\frac{1}{3}$$

である. ④により,

$$①:⑤=②:⑥=③:⑦=2:1$$

が分かる. 和 ①＋⑤, ②＋⑥, ③＋⑦ が分かるから

$$③=\frac{2}{3}, \quad ⑦=\frac{1}{3}$$

$$①=\frac{1}{3}\cdot\frac{2}{3}=\frac{2}{9}, \quad ⑤=\frac{1}{9}$$

$$②=\frac{1}{6}\cdot\frac{2}{3}=\frac{1}{9}, \quad ⑥=\frac{1}{18}$$

である.

■

n 個のデータ $(x_1,\ x_2,\ \cdots\cdots,\ x_n)$ について，その平均は $\overline{x}=\dfrac{1}{n}\displaystyle\sum_{k=1}^{n}x_k$ である．各データと平均との差 $x_k-\overline{x}$ を偏差という．

データの散らばりを調べるのに，偏差に関する平均を考える．

(1) 偏差の平均を求めよ．

以下，n は3以上の奇数であるとし，
$$x_k=k\ (k=1,\ 2,\ \cdots\cdots,\ n)$$
とする．

(2) 偏差の絶対値の平均を求めよ．

(3) 偏差の2乗 $(x_k-\overline{x})^2$ の平均，つまり，分散を求めよ．

【ヒント】

(1)は，データの値によらず必ずある値になる．(2)，(3)では和の公式を使えるようにする．(2)は，n が奇数であるということに注意しよう．

この観点がなかった人は，改めて考えてみよう！

【解答・解説】

(1)
$$\frac{1}{n}\sum_{k=1}^{n}(x_k-\overline{x})=\frac{1}{n}\sum_{k=1}^{n}x_k-\frac{n\overline{x}}{n}=\overline{x}-\overline{x}=0$$

(2)
$$\overline{x}=\frac{1}{n}\sum_{k=1}^{n}k=\frac{1}{n}\cdot\frac{n(n+1)}{2}=\frac{n+1}{2}$$

n が奇数であるから，$\overline{x}$ は自然数である．偏差の絶対値の平均は

$$\frac{1}{n}\sum_{k=1}^{n}\left|k-\frac{n+1}{2}\right|$$
$$=\frac{1}{n}\left(\frac{n-1}{2}+\frac{n-3}{2}+\cdots\cdots+1+0+1+\cdots\cdots+\frac{n-1}{2}\right)$$
$$=\frac{2}{n}\left(1+\cdots\cdots+\frac{n-3}{2}+\frac{n-1}{2}\right)$$
$$=\frac{2}{n}\cdot\frac{1}{2}\cdot\frac{n-1}{2}\cdot\left(\frac{n-1}{2}+1\right)=\frac{n^2-1}{4n}$$

(3) 分散は

$$\frac{1}{n}\sum_{k=1}^{n}\Bigl(k-\frac{n+1}{2}\Bigr)^2=\frac{1}{n}\sum_{k=1}^{n}\Bigl(k^2-(n+1)k+\frac{(n+1)^2}{4}\Bigr)$$

$$=\frac{1}{n}\Bigl(\frac{n(n+1)(2n+1)}{6}-(n+1)\cdot\frac{n(n+1)}{2}+\frac{n(n+1)^2}{4}\Bigr)$$

$$=\frac{(n+1)(2n+1)}{6}-\frac{(n+1)^2}{4}$$

$$=\frac{(n+1)(n-1)}{12}$$

∎

※　散らばりを表す指標として，(1) の偏差の平均は使えない (必ず 0)．

(2) は意味のある数値ではあるが，絶対値のせいで計算が煩雑になることがある．連続変数では和が積分に変わり，少し手間がかかる．

そこで，(3) の分散を考える．これは比較的計算しやすい．しかし，分散では 2 乗した値をもとに計算しているから，与えられた数の散らばりそのものを表すには適さない．だから，分散の平方根を計算し，それを標準偏差と呼ぶ．これが散らばりの指標として，計算しやすく，しかも，もとの数と同じ次元で散らばりを表すことができる．

なお，以下から分かるように，分散は (2) よりも大きくなる．

$$\frac{|a_1|+|a_2|+\cdots\cdots+|a_n|}{n}\leq\sqrt{\frac{a_1{}^2+a_2{}^2+\cdots\cdots+a_n{}^2}{n}}$$

※　分散を計算するときには，次のように考えることも多い．

$$\frac{1}{n}\sum_{k=1}^{n}(x_k-\overline{x})^2=\frac{1}{n}\sum_{k=1}^{n}(x_k{}^2-2\overline{x}x_k+(\overline{x})^2)$$

$$=\frac{1}{n}\sum_{k=1}^{n}x_k{}^2-\frac{2\overline{x}}{n}\sum_{k=1}^{n}x_k+\frac{n(\overline{x})^2}{n}$$

$$=\frac{1}{n}\sum_{k=1}^{n}x_k{}^2-2\overline{x}\cdot\overline{x}+(\overline{x})^2$$

$$=\frac{1}{n}\sum_{k=1}^{n}x_k{}^2-(\overline{x})^2$$

つまり，(2 乗の平均)−(平均の 2 乗) である．データでの "平均値" の公式だが，確率変数の期待値になっても同じ公式を作ることができる．

次のように，確率変数 X が従う分布から，確率変数 X^2 の分布が決まる．

X	x_1	x_2	$\cdots\cdots$	x_n	計
P	p_1	p_2	$\cdots\cdots$	p_n	1

X^2	$x_1{}^2$	$x_2{}^2$	$\cdots\cdots$	$x_n{}^2$	計
P	p_1	p_2	$\cdots\cdots$	p_n	1

期待値を $E(X)=m$ とおくとき，分散 $V(X)$ が

$$V(X)=E(X^2)-m^2$$

と表されることを示せ．

【ヒント】

$V(X)$ は，確率変数 $(X-m)^2$ の期待値 $E((X-m)^2)$ である．

和を用いて証明することもできるが，和の期待値，実数倍の期待値の法則を用いて証明することもできる．m は定数であることに注意しよう．

この観点がなかった人は，改めて考えてみよう！

【解答・解説】

$$m=\sum_{k=1}^{n}x_k p_k$$

$$V(X)=\sum_{k=1}^{n}(x_k-m)^2 p_k$$

$$=\sum_{k=1}^{n}(x_k)^2 p_k-2m\sum_{k=1}^{n}x_k p_k+m^2\sum_{k=1}^{n}p_k$$

$$=E(X^2)-2m\cdot m+m^2\cdot 1=E(X^2)-m^2$$

としても良いし，

$$V(X)=E((X-m)^2)=E(X^2-2mX+m^2)$$

$$=E(X^2)-E(2mX)+E(m^2)=E(X^2)-2mE(X)+m^2$$

$$=E(X^2)-2m\cdot m+m^2=E(X^2)-m^2$$

としても良い．

■

※　一般に X と X は独立でないから，$E(X^2)=(E(X))^2$ とはならない！

問題2-13

確率変数 X と実数 a, b に対して，新しい確率変数 $Y = aX + b$ を考える．X の期待値を m，標準偏差を σ と表す．つまり，$E(X) = m$，$V(X) = \sigma^2$ である．

　$E(Y)$，$V(Y)$ を m，σ，a，b を用いて表せ．また，このとき，Y の期待値が 0 で，標準偏差が 1 となるような a，b の値を m，σ を用いて表せ．

【ヒント】

　和，実数倍の期待値の法則を用いて考えていこう．標準偏差を考えるときは，平方根をとることに注意しよう．

　この観点がなかった人は，改めて考えてみよう！

【解答・解説】

$$E(Y) = E(aX + b) = aE(X) + b = am + b$$
$$V(Y) = E((aX+b)^2) - (E(Y))^2$$
$$= E(a^2 X^2 + 2abX + b^2) - (am + b)^2$$
$$= a^2 E(X^2) + 2abm + b^2 - (a^2 m^2 + 2abm + b^2)$$
$$= a^2 (E(X^2) - m^2)$$
$$= a^2 V(X) = a^2 \sigma^2$$

である．

　Y の期待値が 0 で，標準偏差が 1 となる条件は

$$am + b = 0 \quad かつ \quad a^2 \sigma^2 = 1$$

$$\therefore \quad a = \pm \frac{1}{\sigma}, \ b = \mp \frac{m}{\sigma} \quad （複号同順）$$

■

※　$a > 0$ の方の確率変数 $Z = \dfrac{X - m}{\sigma}$ は，期待値が 0 で標準偏差が 1 の確率変数で，よく利用されるものである．特に X が正規分布に従うときは，Z は標準正規分布に従う．

n を自然数とする．P_1，P_2，……，P_n の n 人があるテストを受験した．P_k の得点を x_k と表す．いわゆる偏差値について考えよう．

データの分析では，得点という変量 x について n 個のデータがあり，x の平均値や分散，標準偏差を考える．また，変量の変換として，$y = ax + b$ という変量を考える．a, b は定数である．平均値や分散，標準偏差について，次が成り立つ：

$$\overline{y} = a\overline{x} + b, \quad s_y^{\,2} = a^2 s_x^{\,2}, \quad s_y = |a| s_x$$

確率変数としては次のようになる．n 人の中から一人を選ぶという試行を行い，確率変数 X を選ばれた人の得点とする．定数 a, b を用いて新しい確率変数 $Y = aX + b$ を考える．これが確率変数の変換である．期待値，分散，標準偏差について，次が成り立つ：

$$E(Y) = aE(X) + b, \quad V(Y) = a^2 V(X), \quad \sigma(Y) = |a|\sigma(X)$$

上記の 2 つについて，$\overline{x} = E(X)$，$s_x^{\,2} = V(X)$，$s_x = \sigma(X)$ である．

偏差値は，データで言うと $y = \dfrac{10(x - \overline{x})}{s_x} + 50$ という変量である．偏差値 y について平均値 $\overline{y}$，標準偏差 s_y を求めよ．

【解答・解説】

$$\overline{y} = \frac{10(\overline{x} - \overline{x})}{s_x} + 50 = 50, \quad s_y = \left| \frac{10}{s_x} \right| s_x = 10$$

∎

※ 偏差値は，元データによらず，平均値が 50 で標準偏差が 10 になる．複数のテスト結果を比較するとき，得点よりも偏差値が使われる理由はここにある．ただし，母集団が変わると，偏差値を見ても意味は無い．

確率変数では，期待値が 0 で標準偏差が 1 の確率変数 $Z = \dfrac{X - m}{\sigma}$ を用いて $Y = 10Z + 50$ を考えていることになる．偏差値を統計的に分析するときは，確率変数として見て，正規分布による近似を利用する．

問題 2-15

数学 I の「データの分析」で "共分散" を定義した. 2 つの変量 x, y のデータが (x_k, y_k) $(k=1, 2, \cdots\cdots, n)$ のような n 個の組で与えられるとき, 偏差の積 $(x_k - \overline{x})(y_k - \overline{y})$ の平均値である.

2 つの確率変数 X, Y の共分散は

$$E((X - E(X))(Y - E(Y)))$$

である (数学 B で考えることは無いようである).

共分散を $E(XY)$, $E(X)$, $E(Y)$ を用いて表せ.

【ヒント】

「和の期待値」は「期待値の和」である. これを利用してみよ.

この観点がなかった人は, 改めて考えてみよう!

【解答・解説】

$$(X - E(X))(Y - E(Y))$$
$$= XY - X \cdot E(Y) - Y \cdot E(X) + E(X) \cdot E(Y)$$

$E(X)$, $E(Y)$ は定数であるから,

$$E((X - E(X))(Y - E(Y)))$$
$$= E(XY) - E(X) \cdot E(Y) - E(Y) \cdot E(X) + E(X) \cdot E(Y)$$
$$= E(XY) - E(X) \cdot E(Y)$$

∎

※ (積の期待値) − (期待値の積) が "共分散" である. **問題 2-4** の注のように, データを扱う際にも, データを表す確率変数を考えることにより, (積の平均) − (平均の積) で共分散を計算できる.

X, Y が独立であるとき, $E(XY) = E(X) \cdot E(Y)$ であるから, 共分散は 0 である.

X, Y の標準偏差 $\sigma(X)$, $\sigma(Y)$ が 0 でないときは, データの分析と同様に相関係数を定義できる. X, Y が独立のとき, 相関係数は 0 である. X, Y が "無関係" であるということが相関係数でも表されている.

s, t を実数の定数とし，X, Y を独立な確率変数とする.

$$V(sX+tY)=s^2V(X)+t^2V(Y)$$

が成り立つことを証明せよ.

【ヒント】

分散について必ず使える計算公式，および，期待値について必ず使える「和」の法則と，独立のとき限定の「積」の法則を活用せよ.

この観点がなかった人は，改めて考えてみよう！

【解答・解説】

$$V(sX+tY)$$
$$=E((sX+tY)^2)-(E(sX+tY))^2$$
$$=E(s^2X^2+2stXY+t^2Y^2)-(sE(X)+tE(Y))^2$$
$$=s^2E(X^2)+2stE(XY)+t^2E(Y^2)$$
$$\quad -(s^2(E(X))^2+2stE(X)E(Y)+t^2(E(Y))^2)$$
$$=s^2(E(X^2)-(E(X))^2)+t^2(E(Y^2)-(E(Y))^2)$$
$$\quad +2st(E(XY)-E(X)E(Y))$$
$$=s^2V(X)+t^2V(Y)$$

∎

※ 独立であるときは

$$E(XY)-E(X)E(Y)=0$$

である. これは前問でも現れたもので，共分散が 0 ということである.

独立ではないときは，一般に共分散が 0 になるとは限らないから，

$$V(sX+tY)=s^2V(X)+t^2V(Y)+2st(共分散)$$

である.

本問の公式は拡張できる. X, Y, Z が独立なら

$$V(sX+tY+uZ)=s^2V(X)+t^2V(Y)+u^2V(Z)$$

n を自然数とする. n 個の値 x_k $(1 \leqq k \leqq n)$ をとる確率変数 X について $P(X=x_k)=p_k$ $(1 \leqq k \leqq n)$ であるとする. ただし, $p_k > 0$ である.

X と X は独立であるかどうかを答えよ.

【ヒント】

独立ではないように思われるが, 細かく考えてみると例外があるのではないだろうか?

この観点がなかった人は, 改めて考えてみよう!

【解答・解説】

X と X が独立であるとは, $1 \leqq k \leqq n$, $1 \leqq l \leqq n$ となるすべての k, l について

$$P(X=x_k, \ X=x_l)=P(X=x_k)P(X=x_l)$$

が成り立つことである.

ここで,

$$P(X=x_1, \ X=x_2)=0$$
$$P(X=x_1)P(X=x_2)=p_1 \cdot p_2 > 0$$

であるから, X と X は独立ではない. ただし, これは, $n \geqq 2$ のときである.

$n=1$ のときは, $X=x_1$ しか起きないから, $P(X=x_1)=p_1=1$ であり,

$$P(X=x_1, \ X=x_1)=P(X=x_1)=1$$
$$P(X=x_1)P(X=x_1)=p_1 \cdot p_1=1$$

であるから, 独立である.

■

※ 問題 2-12 を思い出そう. $n=1$ のときは $E(X^2)=(E(X))^2$ となり, 分散は $V(X)=0$ である. 散らばっていないから当然である.

$n \geqq 2$ のときは, X と X が独立ではないから, 一般に $E(X^2)$, $(E(X))^2$ は異なる値をとる. 同じ値になることはあるのだろうか?

a を 1, 2 ではない実数の定数とし, 確率変数 X は次の分布に従うとする.

X	1	2	a	計
P	$\dfrac{1}{4}$	$\dfrac{1}{4}$	$\dfrac{1}{2}$	1

$E(X^2)=(E(X))^2$ となるような a は存在するか？存在するなら, その値を求めよ. 存在しないなら, そのことを示せ.

【ヒント】

定義通りに計算して, a に関する方程式を作ってみよう.

この観点がなかった人は, 改めて考えてみよう！

【解答・解説】

$$E(X)=1\cdot\frac{1}{4}+2\cdot\frac{1}{4}+a\cdot\frac{1}{2}=\frac{2a+3}{4}$$

$$E(X^2)=1\cdot\frac{1}{4}+4\cdot\frac{1}{4}+a^2\cdot\frac{1}{2}=\frac{2a^2+5}{4}$$

であるから, $E(X^2)=(E(X))^2$ が成り立つ条件は

$$\frac{2a^2+5}{4}=\left(\frac{2a+3}{4}\right)^2$$

$$8a^2+20=4a^2+12a+9$$

$$\therefore\quad 4a^2-12a+11=0$$

である.

$$6^2-44=-8<0$$

であるから, これを満たす a は存在しない. ∎

※ $E(X^2)=(E(X))^2$ となるとき, $V(X)=0$ である. $E(X)=m$ とおくと,

$$V(X)=\frac{(1-m)^2}{4}+\frac{(2-m)^2}{4}+\frac{(a-m)^2}{2}\geqq0$$

で, $1-m\neq2-m$ より, $V(X)=0$ が成り立つことはない. 一般に, X が 2 つ以上の値をとると, $E(X^2)\neq(E(X))^2$ であり, $V(X)>0$ である.

問題 2-19

確率変数 X, Y が独立であるとき，次の2つの確率変数は必ず独立であるか？そうであるなら，証明せよ．そうでないなら，一般に独立であるとは限らない理由を説明せよ．

(1) X^2 と Y

(2) $X+Y$ と $X-Y$

【ヒント】

定義に従って確認せよ．とりうるすべての値について，"かつの確率"が"確率の積"と一致するだろうか？

この観点がなかった人は，改めて考えてみよう！

【解答・解説】

(1) X^2 のとる任意の値 k^2 $(k \geqq 0)$ と Y のとる任意の値 l について考える．

$k=0$ のとき $P(X^2=0)=P(X=0)$ であり，

$$P(X^2=0,\ Y=l)=P(X=0,\ Y=l)$$
$$=P(X=0)P(Y=l) \qquad (独立)$$
$$=P(X^2=0)P(Y=l)$$

が成り立つ．

$k>0$ のとき

$$P(X^2=k^2)=P(X=k)+P(X=-k)$$

である（$P(X^2=k^2) \neq 0$ だから，$P(X=k)$ と $P(X=-k)$ の少なくとも一方は0でない）．

$$P(X^2=k^2,\ Y=l)$$
$$=P(X=k,\ Y=l)+P(X=-k,\ Y=l) \quad (排反)$$
$$=P(X=k)P(Y=l)+P(X=-k)P(Y=l) \qquad (独立)$$
$$=\{P(X=k)+P(X=-k)\}P(Y=l)$$
$$=P(X^2=k^2)P(Y=l) \qquad (排反)$$

が成り立つ．

よって，X^2 と Y は独立である．

(2) $X+Y$ と $X-Y$ は独立であるとは限らない．例えば，X, Y が

Y＼X	0	1	計
0	$\dfrac{1}{2}$	$\dfrac{1}{6}$	$\dfrac{2}{3}$
1	$\dfrac{1}{4}$	$\dfrac{1}{12}$	$\dfrac{1}{3}$
計	$\dfrac{3}{4}$	$\dfrac{1}{4}$	1

という同時分布に従うとき，X と Y は独立である．このとき，

$$P(X+Y=0)=P(X=0,\ Y=0)=\frac{1}{2}$$
$$P(X-Y=0)=P(X=0,\ Y=0)+P(X=1,\ Y=1)$$
$$=\frac{1}{2}+\frac{1}{12}=\frac{7}{12}$$
$$P(X+Y=0,\ X-Y=0)=P(X=0,\ Y=0)=\frac{1}{2}$$

であるから，

$$P(X+Y=0,\ X-Y=0)\neq P(X+Y=0)P(X-Y=0)$$

である．この例では $X+Y$ と $X-Y$ は独立ではない．

■

※ (2)については，次のように間接的に確認することもできる．

　$X+Y$ と $X-Y$ が独立であるとき，

$$E((X+Y)(X-Y))=E(X+Y)E(X-Y)\quad\cdots\cdots\ ①$$

が成り立つ．左辺，右辺はそれぞれ

$$E((X+Y)(X-Y))=E(X^2-Y^2)=E(X^2)-E(Y^2)$$
$$E(X+Y)E(X-Y)=\{E(X)+E(Y)\}\{E(X)-E(Y)\}$$
$$=(E(X))^2-(E(Y))^2$$

であるから，①のとき，

$$E(X^2)-E(Y^2)=(E(X))^2-(E(Y))^2$$
$$E(X^2)-(E(X))^2=E(Y^2)-(E(Y))^2$$
$$\therefore\quad V(X)=V(Y)$$

となる．$X+Y$ と $X-Y$ が独立なら，X, Y の分散が等しい．

　ということは，分散が異なる X, Y では，$X+Y$ と $X-Y$ は独立でない．

108

ここまでに見てきた計算法則を確認しておこう.

s, t は実数とし,X, Y は確率変数とする(独立かどうかは不明).次の各計算法則は,常に使えるものだろうか?

(1) 変換の期待値 $E(sX+t)=sE(X)+t$

(2) 変換の分散 $V(sX+t)=s^2V(X)$

(3) 分散の計算 $V(X)=E(X^2)-(E(X))^2$

(4) 和の期待値 $E(X+Y)=E(X)+E(Y)$

(5) 和の分散 $V(X+Y)=V(X)+V(Y)$

(6) 積の期待値 $E(XY)=E(X)E(Y)$

(7) 積の分散 $V(XY)=V(X)V(Y)$

【ヒント】

(1)〜(6)については,自信をもって判断できないなら,本書のここよりも前の部分を読み返そう.

(7)はどうだろうか?常に成り立つようには思えないが,どういうときに成り立つのか?分かりにくいようなら,左辺と右辺をそれぞれ期待値として書き換えてみよう.

この観点がなかった人は,改めて考えてみよう!

【解答・解説】

(1) 常に使える.

(2) 常に使える.

(3) 常に使える.

(4) 常に使える.

(5) 常に使えるとは限らない.X, Y が独立であれば使える.

(6) 常に使えるとは限らない.X, Y が独立であれば使える.

(7) 本書では初めて登場した.例えば $X=1$(一定)のとき,$V(X)=0$ だから成り立たない.解答としてはこれで良いが,詳しくみておこう.

まず，両辺が何を表すのか，期待値で表現してみよう．

$$V(XY) = E((XY)^2) - (E(XY))^2$$
$$= E(X^2Y^2) - (E(XY))^2$$
$$V(X)V(Y) = \{E(X^2) - (E(X))^2\}\{E(Y^2) - (E(Y))^2\}$$
$$= E(X^2)E(Y^2) - (E(X))^2E(Y^2)$$
$$- E(X^2)(E(Y))^2 + (E(X))^2(E(Y))^2$$

ここまでが必ずできる計算で，一般に左辺と右辺は一致しない．

$X,\ Y$ が独立であるとしたら，$V(XY)$ の計算を進めることができる．
X^2 と Y^2 も独立だが，一般に，X と X は独立でないことに注意せよ．

$$V(XY) = E(X^2)E(Y^2) - (E(X)E(Y))^2$$
$$= E(X^2)E(Y^2) - (E(X))^2(E(Y))^2$$

である．このとき，$V(XY)$ が $V(X)V(Y)$ と等しくなる条件は

$$E(X^2)E(Y^2) - (E(X))^2(E(Y))^2$$
$$= E(X^2)E(Y^2) - (E(X))^2E(Y^2)$$
$$- E(X^2)(E(Y))^2 + (E(X))^2(E(Y))^2$$

である．分散の定義の形になるように整理すると

$$(E(X))^2\{E(Y^2) - (E(Y))^2\} + (E(Y))^2\{E(X^2) - (E(X))^2\} = 0$$
$$\therefore\ (E(X))^2 V(Y) + (E(Y))^2 V(X) = 0 \quad \cdots\cdots \quad (*)$$

で，$(E(X))^2,\ V(Y),\ (E(Y))^2,\ V(X)$ は 0 以上より，$(*)$ は

「$E(X) = 0$ または $V(Y) = 0$」かつ「$E(Y) = 0$ または $V(X) = 0$」

である．$X,\ Y$ が独立で，上記が成り立つときに (7) は成り立つ．なお，
問題 2-18 の補足では，分散が 0 になるのは 1 つの値だけをとる確率変
数のときに限られることを見た．

∎

※　通常，これらの計算法則を繰り返し用いて期待値や分散を計算してい
く．例えば，$s,\ t,\ u$ が実数で $X,\ Y$ が確率変数であるとき，

$$E(sX + tY + u) = sE(X) + tE(Y) + u$$

であり，さらに $X,\ Y$ が独立であれば

$$V(sX + tY + u) = s^2 V(X) + t^2 V(Y)$$

である．n 個になっても同様である．

p は $0 \leqq p \leqq 1$ を満たす実数とする．0，1 の 2 値をとる確率変数 X が

$$P(X=1) = p, \; P(X=0) = 1-p$$

という分布に従うものとする（ベルヌーイ分布と呼ぶ）．$1-p = q$ とおいておく．

（1） X の期待値 $E(X)$ と分散 $V(X)$ を p, q を用いて表せ．

（2） n を自然数とし，X と同じ分布に従う n 個の互いに独立な確率変数 $X_k \; (1 \leqq k \leqq n)$ をとる．確率変数 $Y = \sum_{k=1}^{n} X_k$，$Z = \dfrac{1}{n} \sum_{k=1}^{n} X_k$ の期待値と分散をそれぞれ求めよ．

【ヒント】

（1）は定義通りに計算してみよう．分散は，計算公式を用いても良い．

（2）は"独立"であるから，"積の期待値"，"和の分散"についての計算公式を使うことができる（"和の期待値"，"実数倍の期待値"，"実数倍の分散"の計算公式はいつでも使える）．

この観点がなかった人は，改めて考えてみよう！

【解答・解説】

（1） $$E(X) = 1 \cdot p + 0 = p$$

である．2 乗の期待値を利用して，

$$E(X^2) = 1^2 \cdot p + 0 = p$$

$$\therefore \quad V(X) = E(X^2) - (E(X))^2 = p - p^2 = p(1-p) = pq$$

（2） 和の期待値の法則から，

$$E(Y) = \sum_{k=1}^{n} E(X_k) = np, \; E(Z) = \sum_{k=1}^{n} \frac{1}{n} E(X_k) = p$$

であり，独立性から

$$V(Y) = \sum_{k=1}^{n} V(X_k) = npq, \; V(Z) = \sum_{k=1}^{n} \frac{1}{n^2} V(X_k) = \frac{pq}{n}$$

※　ベルヌーイ分布に従う独立な確率変数の和，平均で表される確率分布は，期待値や分散を簡単に計算できる.

実戦的には，積極的にベルヌーイ分布の和で表すのが良い. 例えば，二項分布である.

サイコロを n 回振る試行で1の目が出る回数 X, コインを n 回投げる試行で表の出る回数 Y などである.

サイコロの例では，X は二項分布 $B\left(n, \dfrac{1}{6}\right)$ に従う，という. ちなみに，B は binomial の B である. X の期待値および分散を考えるために，$k=1, 2, \cdots\cdots, n$ に対して，確率変数 X_k を，k 回目に

　　　　1の目が出たら1

　　　　その他の目が出たら0

と定める. すると，

$$X = X_1 + X_2 + \cdots\cdots + X_n$$

と表すことができる（1か0を足していて，1の目が出るときだけ1になるので，総和は1の目が出る回数と一致する）.

さらに，各 X_k は互いに独立で，

$$E(X_k) = \frac{1}{6}, \ V(X_k) = \frac{1}{6} \cdot \frac{5}{6} = \frac{5}{36}$$

であるから，

$$E(X) = \frac{n}{6}, \ V(X) = \frac{5n}{36}$$

である. 一般に，$B(n, p)$ に従う確率分布 X において

$$E(X) = np, \ V(X) = npq$$

である. ただし，$q = 1 - p$ である.

また，1の目が出る割合は $\dfrac{X}{n}$ と表され，この確率変数については，

$$E\left(\frac{X}{n}\right) = \frac{E(X)}{n} = p$$
$$V\left(\frac{X}{n}\right) = \frac{V(X)}{n^2} = \frac{pq}{n}$$

である.

問題 2-22

n は 2 以上の自然数とする．コインを n 回投げる．確率変数 X を

    $\cdot X = k$（裏が初めて出るのが k 回目のとき）

    $\cdot X = n+1$（裏が出ないとき）

で定める．

$$E(X) = \sum_{k=1}^{n} k\left(\frac{1}{2}\right)^k + (n+1)\left(\frac{1}{2}\right)^n$$

である．"あること"を考えると

$$E(X) = 1 + \frac{1}{2} + \left(\frac{1}{2}\right)^2 + \cdots\cdots + \left(\frac{1}{2}\right)^n = 2 - \left(\frac{1}{2}\right)^n \quad \cdots\cdots \quad ①$$

と計算できることが分かって，これにより

$$\sum_{k=1}^{n} k\left(\frac{1}{2}\right)^k + (n+1)\left(\frac{1}{2}\right)^n = 2 - \left(\frac{1}{2}\right)^n$$

$$\therefore \quad \sum_{k=1}^{n} k\left(\frac{1}{2}\right)^k = 2 - (n+2)\left(\frac{1}{2}\right)^n$$

という風に，期待値であることを利用して，和を計算することができる．

  "あること"とは，何らかのベルヌーイ分布に従う確率変数の和によって X を表すことである．それが何であるかを考えてみよ．

【ヒント】

  ①の中辺は $n+1$ 個の和になっている．ベルヌーイ分布に従う $n+1$ 個の確率変数の和で，X を表してみよう．足されている各項が確率を表しているはずである（和の法則を使うから，独立である必要はない）．

  この観点がなかった人は，改めて考えてみよう！

【解答・解説】

  $k = 1, 2, \cdots\cdots, n$ に対して，確率変数 X_k を

        $X_k = 1$（k 回目まですべて表が出る）

        $X_k = 0$（k 回目までに少なくとも 1 回裏が出る）

で定める．$X = m$（$2 \leqq m \leqq n$）となるのは

        $X_1 = \cdots\cdots = X_{m-1} = 1, \ X_m = \cdots\cdots = X_n = 0$

113

のときで，$X=1$, $n+1$ となるのはそれぞれ $X_k=0$, 1 $(1\leqq k\leqq n)$ のときである．よって，

$$X=1+X_1+X_2+\cdots\cdots+X_n \quad\cdots\cdots\quad ②$$

である．また，

$$E(X_k)=1\Big(\frac{1}{2}\Big)^k+0=\Big(\frac{1}{2}\Big)^k$$

であるから，X の期待値は

$$E(X)=1+\frac{1}{2}+\Big(\frac{1}{2}\Big)^2+\cdots\cdots+\Big(\frac{1}{2}\Big)^n=2-\Big(\frac{1}{2}\Big)^n \quad\cdots\cdots\quad ①$$

■

※　$1\leqq i<j\leqq n$ について，

$$P(X_i=0,\ X_j=1)=0\neq P(X_i=0)P(X_j=1)$$

であるから，X_i, X_j は独立ではない．よって，②を利用して分散を

$$V(X)=V(X_1)+V(X_2)+\cdots\cdots+V(X_n)$$

と求めることはできない．$V(X)=E(X^2)-(E(X))^2$ だから，

$$E(X^2)=\sum_{k=1}^{n}k^2\Big(\frac{1}{2}\Big)^k+(n+1)^2\Big(\frac{1}{2}\Big)^n$$

を計算すればよい．Σ 部分の計算は以下の通りである．つまり，

$$\sum_{k=1}^{n}k^2\Big(\frac{1}{2}\Big)^k=1\cdot\frac{1}{2}+4\cdot\Big(\frac{1}{2}\Big)^2+\cdots\cdots+n^2\Big(\frac{1}{2}\Big)^n$$

$$\frac{1}{2}\sum_{k=1}^{n}k^2\Big(\frac{1}{2}\Big)^k=\qquad 1\cdot\Big(\frac{1}{2}\Big)^2+\cdots\cdots+(n-1)^2\Big(\frac{1}{2}\Big)^n+n^2\Big(\frac{1}{2}\Big)^{n+1}$$

の差をとる（次の問題で別の計算方法を考える）．

$$\frac{1}{2}\sum_{k=1}^{n}k^2\Big(\frac{1}{2}\Big)^k=1\cdot\frac{1}{2}+3\cdot\Big(\frac{1}{2}\Big)^2+\cdots\cdots+(2n-1)\Big(\frac{1}{2}\Big)^n-n^2\Big(\frac{1}{2}\Big)^{n+1}$$

$$=2\sum_{k=1}^{n}k\Big(\frac{1}{2}\Big)^k-\sum_{k=1}^{n}\Big(\frac{1}{2}\Big)^k-n^2\Big(\frac{1}{2}\Big)^{n+1}$$

$$=2\Big(2-(n+2)\Big(\frac{1}{2}\Big)^n\Big)-\Big(1-\Big(\frac{1}{2}\Big)^n\Big)-n^2\Big(\frac{1}{2}\Big)^{n+1}$$

$$=3-(n^2+4n+6)\Big(\frac{1}{2}\Big)^{n+1}$$

$$\therefore\quad \sum_{k=1}^{n}k^2\Big(\frac{1}{2}\Big)^k=6-(n^2+4n+6)\Big(\frac{1}{2}\Big)^n$$

n は 2 以上の自然数とする．コインを n 回投げる．確率変数 X を

・$X=k$（裏が初めて出るのが k 回目のとき）

・$X=n+1$（裏が出ないとき）

で定める（前問と同じ）．$k=1,\ 2,\ \cdots\cdots,\ n$ に対して，確率変数 X_k を

$$X_k=1\ （k\ 回目まですべて表が出る）$$

$$X_k=0\ （k\ 回目までに少なくとも 1 回裏が出る）$$

で定めると，これらは互いに独立ではない．X は

$$X=1+X_1+X_2+\cdots\cdots+X_n\ \cdots\cdots\ ①$$

と表すことができる．また，

$$E(X_k)=1\Big(\frac{1}{2}\Big)^k+0=\Big(\frac{1}{2}\Big)^k$$

であるから，X の期待値は

$$E(X)=1+\frac{1}{2}+\Big(\frac{1}{2}\Big)^2+\cdots\cdots+\Big(\frac{1}{2}\Big)^n=2-\Big(\frac{1}{2}\Big)^n\ \ \cdots\cdots\ ②$$

である．これを用いて

$$\sum_{k=1}^{n}k\Big(\frac{1}{2}\Big)^k=2-(n+2)\Big(\frac{1}{2}\Big)^n\ \ \cdots\cdots\ ③$$

を導いた．

X の分散 $V(X)=E(X^2)-(E(X))^2$ を求めるために，$E(X^2)$ を計算してみよう．

①の両辺を 2 乗すると，

$$X^2=1+X_1^2+\cdots\cdots+X_n^2+2(X_1+X_2+\cdots\cdots+X_n)$$

$$+2(X_1X_2+X_1X_3+\cdots\cdots+X_{n-1}X_n)\ \cdots\cdots\ ④$$

である．これを利用して $E(X^2)$ を求め，$V(X)$ を求めよ．

【ヒント】

$E(X_k^2)$ および $E(X_iX_j)$ $(1\leqq i<j\leqq n)$ を求めてみよう．④の最後の項の計算はかなり煩雑である．$n=3$ の場合などで計算し，雰囲気をつかもう．

この観点がなかった人は，改めて考えてみよう！

【解答・解説】

$$E(X_k{}^2) = 1^2\left(\frac{1}{2}\right)^k + 0 = \left(\frac{1}{2}\right)^k$$

であり，$1 \le i < j \le n$ に対して

$$E(X_i X_j) = 1 \cdot P(X_j = 1) + 0 = \left(\frac{1}{2}\right)^j$$

である．j（$2 \le j \le n$）を固定すると，$1 \le i < j$ となる i は $j-1$ 個あることに注意する．和の期待値の法則から

$$
\begin{aligned}
E(X^2) &= 1 + \sum_{k=1}^{n} E(X_k{}^2) + 2\sum_{k=1}^{n} E(X_k) + 2\sum_{j=2}^{n}\left(\sum_{i=1}^{j-1} E(X_i X_j)\right) \\
&= 1 + \sum_{k=1}^{n}\left(\frac{1}{2}\right)^k + 2\sum_{k=1}^{n}\left(\frac{1}{2}\right)^k + 2\sum_{j=2}^{n}(j-1)\left(\frac{1}{2}\right)^j \\
&= 1 + 3\sum_{k=1}^{n}\left(\frac{1}{2}\right)^k + 2\sum_{j=1}^{n}(j-1)\left(\frac{1}{2}\right)^j \\
&= 1 + \sum_{k=1}^{n}\left(\frac{1}{2}\right)^k + 2\sum_{j=1}^{n} j\left(\frac{1}{2}\right)^j \\
&= 1 + \left(1 - \left(\frac{1}{2}\right)^n\right) + 2\left(2 - (n+2)\left(\frac{1}{2}\right)^n\right) \\
&= 6 - (2n+5)\left(\frac{1}{2}\right)^n
\end{aligned}
$$

である．よって，

$$
\begin{aligned}
V(X) &= E(X^2) - (E(X))^2 \\
&= 6 - (2n+5)\left(\frac{1}{2}\right)^n - \left(2 - \left(\frac{1}{2}\right)^n\right)^2 \\
&= 2 - (2n+1)\left(\frac{1}{2}\right)^n - \left(\frac{1}{2}\right)^{2n}
\end{aligned}
$$

■

※ $$E(X^2) = \sum_{k=1}^{n} k^2\left(\frac{1}{2}\right)^k + (n+1)^2\left(\frac{1}{2}\right)^n$$

であるから，解答の結果と合わせて，和を計算できる．

$$\sum_{k=1}^{n} k^2\left(\frac{1}{2}\right)^k + (n+1)^2\left(\frac{1}{2}\right)^n = 6 - (2n+5)\left(\frac{1}{2}\right)^n$$

$$\therefore \quad \sum_{k=1}^{n} k^2\left(\frac{1}{2}\right)^k = 6 - (n^2 + 4n + 6)\left(\frac{1}{2}\right)^n$$

問題 2-24

関数 $f(x)$ が，常に $f(x) \geqq 0$ で，$\int_\alpha^\beta f(x)dx = 1$ を満たすとき，この関数を "確率密度関数" にもつ "連続型確率変数" X を考えることができる（α, β は実数以外に，$\alpha = -\infty$ や $\beta = \infty$ も認める）．X のとりうる値は $\alpha \leqq X \leqq \beta$ であり，$\alpha \leqq a \leqq b \leqq \beta$ のとき，

$$P(a \leqq X \leqq b) = \int_a^b f(x)dx$$

である．期待値 $E(X)$ と分散 $V(X)$ は

$$E(X) = \int_\alpha^\beta xf(x)dx, \; V(X) = \int_\alpha^\beta (x-m)^2 f(x)dx$$

で定義され（ただし，$m = E(X)$ である），X^2 の期待値は

$$E(X^2) = \int_\alpha^\beta x^2 f(x)dx \quad \cdots\cdots \quad ①$$

で定義される．

連続型確率変数でも $V(X) = E(X^2) - (E(X))^2$ という計算はできる．その理由を積分を使って説明せよ．

【ヒント】

定義通りに計算せよ．「和・差・実数倍の積分」は「積分の和・差・実数倍」であるが，「積・商の積分」は「積分の積・商」ではないことに注意しよう．

この観点がなかった人は，改めて考えてみよう！

【解答・解説】

m は定数（定積分を計算して得られる値）であるから，①を用いて

$$V(X) = \int_\alpha^\beta (x^2 - 2mx + m^2)f(x)dx$$
$$= \int_\alpha^\beta (x^2 f(x) - 2mxf(x) + m^2 f(x))dx$$
$$= \int_\alpha^\beta x^2 f(x)dx - 2m\int_\alpha^\beta xf(x)dx + m^2 \int_\alpha^\beta f(x)dx$$
$$= E(X^2) - 2mE(X) + m^2 \cdot 1 = E(X^2) - (E(X))^2$$

∎

※ X^2 の確率密度関数を考え，①の意味を探りたい．ただし，数学Ⅲ（と大学範囲の広義積分）の内容が含まれ，読み飛ばしても差し支えない．

X の確率密度関数を次の $g(x)$ に変更しておく．

$\alpha \leqq x \leqq \beta$ においては，$g(x) = f(x)$

$x < \alpha,\ \beta < x$ においては $g(x) = 0$

X はすべての実数値をとることになり，どんな範囲でも定積分が意味をなすという利点がある．例えば，期待値は以下のようになる

$$E(X) = \int_{-\infty}^{\infty} xg(x)\,dx$$

確率変数 X^2 の確率密度関数を求める．$0 \leqq p \leqq q$ となる $p,\ q$ に対して，

$$P(p^2 \leqq X^2 \leqq q^2) = P(p \leqq X \leqq q) + P(-q \leqq X \leqq -p)$$
$$= \int_p^q g(x)\,dx + \int_{-q}^{-p} g(x)\,dx$$

である．ここから数学Ⅲの内容である．積分区間が $p^2 \leqq t \leqq q^2$ になるように置換積分を行う．細かい部分は省略して書く．

$t = x^2$ とおくと，1つ目は $x = \sqrt{t}$，2つ目は $x = -\sqrt{t}$ で，

$$\frac{dt}{dx} = 2x \quad \therefore \quad dx = \pm \frac{1}{2\sqrt{t}}\,dt$$

である（$t = 0$ に問題があるが，目をつむることにする）．よって，

$$P(p^2 \leqq X^2 \leqq q^2) = \int_{p^2}^{q^2} \frac{g(\sqrt{t})}{2\sqrt{t}}\,dt - \int_{q^2}^{p^2} \frac{g(-\sqrt{t})}{2\sqrt{t}}\,dt$$
$$= \int_{p^2}^{q^2} \frac{g(\sqrt{t}) + g(-\sqrt{t})}{2\sqrt{t}}\,dt$$

$h(t) = \dfrac{g(\sqrt{t}) + g(-\sqrt{t})}{2\sqrt{t}}$ が X^2 の確率密度関数で，期待値 $E(X^2)$ は

$$E(X^2) = \int_0^{\infty} t \cdot h(t)\,dt = \int_0^{\infty} \frac{\sqrt{t}\,g(\sqrt{t}) + \sqrt{t}\,g(-\sqrt{t})}{2}\,dt$$

と表せる．$dt = 2x\,dx$ に注意して先ほどの置換を逆向きに施すと，

$$E(X^2) = \int_0^{\infty} \frac{xg(x)}{2} 2x\,dx + \int_0^{-\infty} \frac{(-x)g(x)}{2} 2x\,dx$$
$$= \int_{-\infty}^{\infty} x^2 g(x)\,dx = \int_{\alpha}^{\beta} x^2 f(x)\,dx$$

である．確かに①は $E(X^2)$ の定義になっている！

問題 2-25

m を実数，σ を正の実数とする．関数

$$f(x) = \frac{1}{\sqrt{2\pi}\sigma} e^{-\frac{(x-m)^2}{2\sigma^2}}$$

が確率密度関数であるような確率分布 X は，正規分布 $N(m, \sigma^2)$ に従うという．確率分布関数の定義を満たすこと，$E(X) = m$，$V(X) = \sigma^2$ であることは知られているが，数学Ⅲを用いても高校数学で確認することは難しい．また，

$$P(a \leq X \leq b) = \frac{1}{\sqrt{2\pi}\sigma} \int_a^b e^{-\frac{(x-m)^2}{2\sigma^2}} dx$$

であるが，積分を計算することもできない．そこで，正規分布表（標準正規分布 $N(0, 1)$ に関しての積分結果の一覧表）と正規分布の変換を利用して値を求めることになる．実数 p, q を用いて確率変数 $Y = pX + q$ を定めると，Y も正規分布に従うことが知られている（ただし，$p \neq 0$ とする）．

(1) $Y = pX + q$ の確率密度関数 $g(x)$ を p, q を用いて表せ．

(2) 標準正規分布 Z を表すものとして適当なものを次から選べ．

⓪ $\dfrac{X-m}{\sigma^2}$　　① $\dfrac{X-m}{\sigma}$　　② $\dfrac{X+m}{\sigma^2}$　　③ $\dfrac{X+m}{\sigma}$

(3) Z についての確率で，$P(a \leq X \leq b)$ と等しいものの1つを a, b, m, σ を用いて表し，それを積分を用いても表せ．

【ヒント】

変換によって期待値，分散がどう変わるかを確認し直そう．正規分布に関する積分は，計算としてではなく，性質で捉えるしかない．

この観点がなかった人は，改めて考えてみよう！

【解答・解説】

(1) $E(Y) = pm + q$，$V(Y) = p^2\sigma^2$ であるから，

$$g(x) = \frac{1}{\sqrt{2\pi}\,p\sigma} e^{-\frac{(x-pm-q)^2}{2p^2\sigma^2}}$$

（2）① $\dfrac{X-m}{\sigma}$ である．実際，期待値と分散は次の通りである．

$$E\left(\dfrac{X-m}{\sigma}\right)=\dfrac{E(X)-m}{\sigma}=0$$

$$V\left(\dfrac{X-m}{\sigma}\right)=\dfrac{V(X)}{\sigma^2}=\dfrac{\sigma^2}{\sigma^2}=1$$

（3） $Z=\dfrac{X-m}{\sigma}$ であるから，

$$P(a\leqq X\leqq b)=P\left(\dfrac{a-m}{\sigma}\leqq Z\leqq\dfrac{b-m}{\sigma}\right)$$

$f(x)$ で $m=0$，$\sigma=1$ とすると，Z の確率密度関数は $\dfrac{1}{\sqrt{2\pi}}e^{-\frac{x^2}{2}}$ で，

$$P\left(\dfrac{a-m}{\sigma}\leqq Z\leqq\dfrac{b-m}{\sigma}\right)=\dfrac{1}{\sqrt{2\pi}}\int_{\frac{a-m}{\sigma}}^{\frac{b-m}{\sigma}}e^{-\frac{x^2}{2}}dx$$

■

※ 正規分布表には

$$\dfrac{1}{\sqrt{2\pi}}\int_0^u e^{-\frac{x^2}{2}}dx=P(0\leqq Z\leqq u)$$
$$=p(u)$$

の値が u ごとに載っている．

$P(Z=0)=0$，$P(Z=u)=0$ であるから，

$$P(0<Z<u),\ P(0<Z\leqq u),\ P(0\leqq Z<u)$$

も同じ値である．

また，確率密度関数 $y=\dfrac{1}{\sqrt{2\pi}}e^{-\frac{x^2}{2}}$ のグラフが y 軸に関して対称であるから，

$$P(-u\leqq Z\leqq 0)=P(0\leqq Z\leqq u)$$

である．これらの性質を利用して，色んな確率を求めることができる．

$$P(-2\leqq Z\leqq 1)=P(-2\leqq Z\leqq 0)+P(0\leqq Z\leqq 1)$$
$$=p(2)+p(1)$$
$$P(1\leqq Z\leqq 2)=P(0\leqq Z\leqq 2)-P(0\leqq Z\leqq 1)$$
$$=p(2)-p(1)$$

問題 2-26

サイコロを6万回振って1の目が出る回数を X とすると，X は二項分布 $B\left(60000, \dfrac{1}{6}\right)$ に従う．$1 \leqq k \leqq 60000$ に対し，確率変数 X_k を，「k 回目に1の目が出たら 1，その他の目が出たら 0」と定めると，ベルヌーイ分布に従う．$X = \displaystyle\sum_{k=1}^{60000} X_k$ である．1の目が出る割合も確率変数で，$\overline{X} = \dfrac{1}{60000} \displaystyle\sum_{k=1}^{60000} X_k$ と表すことができる．これを標本平均という．

この例のような，互いに独立で同様に分布する確率変数 X_k（$1 \leqq k \leqq n$）の標本平均 $\overline{X}$ は，次を満たす．

$$E(\overline{X}) = m, \ \sigma(\overline{X}) = \frac{\sigma}{\sqrt{n}} \ \ (m = E(X_k), \ \sigma = \sigma(X_k))$$

しかも，n が十分大きいとき，いくつかの近似が可能であることが知られている．その1つが大数の法則で，大雑把に言うと「$P(\overline{X} = m) \fallingdotseq 1$」というものである（正確には極限を用いて説明される）．これを総和 X の言葉で書くと，「$P(X = nm) \fallingdotseq 1$」ということである．さらに，$X$ が従う分布は，$N(nm, n\sigma^2)$ で近似できるという．これは中心極限定理と呼ばれる定理による．特に，二項分布 $B(n, p)$ に従う確率変数は，平均と分散が等しい正規分布の $N(np, npq)$ で近似できる（$q = 1 - p$ である）．

サイコロを6万回振る試行をコンピュータを用いてシミュレーションすると，1の目が 10056 回出るという結果になったとする（X の実現値の1つとしてこれが得られたということである）．何度か実験を繰り返すと，一番多いもので 10108 回であった．大数の法則を実感できる結果であるが，このズレはどう考えたら良いのだろうか？ 60000 は十分大きいとして，X を正規分布で近似してみよう．

(1) $E(X)$, $\sigma(X)$ を求め，X が近似的に従う正規分布を答えよ．ただし，$\sqrt{\dfrac{5}{6}} = 0.9$ と近似し，正規分布もこの値を用いて答えよ．

(2) 標準正規分布に近似的に従う確率変数 Z を X の1次式で表せ．

(3) 章末の正規分布表を用いて，確率 $P(X > 10180)$ を求めよ．

【ヒント】

二項分布に従う X で $P(X > 100180)$ を直接考えることは困難である. X を正規分布で近似するというのは, X が $N(np, \ npq)$ に従うことにして確率を求めるということである. 正規分布表に載っているのは標準正規分布に従う確率変数 Z での確率である. X の条件を Z の条件に書き換えることで, 色々な確率を近似的に求めることができる.

この観点がなかった人は, 改めて考えてみよう!

【解答・解説】

(1)
$$E(X) = \frac{60000}{6} = 10000$$
$$V(X) = 60000 \cdot \frac{1}{6} \cdot \frac{5}{6} \quad \therefore \quad \sigma(X) = 100\sqrt{\frac{5}{6}} \fallingdotseq 90$$

であるから, X は近似的に $N(10000, \ 8100)$ に従う (近似値 $\sigma(X) \fallingdotseq 90$ を用いず, $N(np, \ npq)$ を考えると, $N(10000, \ 8333.\dot{3})$ で近似される).

(2) (1) より, 近似的に標準正規分布に従うのは $Z = \dfrac{X - 10000}{90}$ である.

(3) (2) より,
$$P(X > 10180) = P(Z > 2)$$
である. 正規分布表より
$$P(0 \leqq Z \leqq 2) = 0.4772$$
$$\therefore \quad P(Z > 2) = 0.5 - P(0 \leqq Z \leqq 2) = 0.5 - 0.4772 = 0.0228$$

■

※ 10180 より多く 1 の目が出るのは全体の 2.28% ほどと推定できる.

正規分布表から
$$P(-1.96 \leqq Z \leqq 1.96) = 0.95, \ P(-2.58 \leqq Z \leqq 2.58) = 0.99$$
となる (2.58 は正確な数値ではないが, これを採用する).

よって, 6 万回サイコロを振る試行では
$$P(9823.6 \leqq X \leqq 10176.4) = 0.95$$
$$P(9767.8 \leqq X \leqq 100232.2) = 0.99$$
である. 10233 回以上 1 の目が出るのは, 全体の 0.5% 未満と推定できる.

前問で紹介した大数の法則，中心極限定理は，X_k $(1 \leqq k \leqq n)$ が同じ分布に従う独立な確率変数であるというのが前提となっていた．

"ある事象が n 回中何回起きるか？" といったタイプでは，X_k を，

　　k 回目に事象が起きると 1 で，そうでないと 0

と定める．X_k の総和が考えるべき確率変数 X である．反復試行や，袋から球を取り出して戻すという作業を繰り返す試行では，X_k の条件は満たされている．しかし，袋から球を取り出す作業を<u>球を戻さずに繰り返す</u>，いわゆる "非復元抽出" では，独立性の仮定を満たしていない．

非復元抽出でも，母集団の大きさ（袋の中の球の個数）が標本の大きさ（取り出す回数）に比べて十分大きい場合には，非復元抽出を復元抽出で近似できるそうである．その様子を実際に確認してみよう．

袋の中に，1 〜 6 の整数が書かれた球が 100 個ずつ，合計 600 個の球が入っている．その中から球を順に 60 個取り出す．ただし，取り出した球は袋に戻さない．$1 \leqq k \leqq 60$ に対し，確率変数 X_k を

　　k 回目に取り出した球が 1 であれば 1 で，そうでないと 0

と定める．また，確率変数 X を，60 回のうち 1 の球が出る回数と定める．

(1) 各 X_k は同じ分布に従うことを示せ．つまり，$P(X_k = 1)$ が k によらないことを示せ．

(2) X_1 と X_2 が独立ではないことを示せ．

(3) $P(X = 10)$ を求めよ．ただし，組合せや階乗などを含む形で良い．

(4) (3) の値を，小数第 7 位を四捨五入して求めよ．

(5) サイコロを 60 回振って 1 の目が 10 回出る確率を，小数第 7 位を四捨五入して求めよ．(4)，(5) ではコンピュータなどを用いて計算せよ．

【ヒント】

この試行は，「すべて区別を付けて，60 個取り出して並べる」試行や「600 個から 60 個の球を同時に取り出す」試行に言い換えることができる．

この観点がなかった人は，改めて考えてみよう！

【解答・解説】

(1) 球にすべて区別を付け，600 個から 60 個を取り出して順に並べる試行で考える．全事象は $_{600}P_{60}$ 通りである．$X_k = 1$ は k 番目が 1 であるという事象である．k 番目に 1 を並べてから，残りを自由に並べることになるから，そのような並べ方は $100 \cdot {}_{599}P_{59}$ 通りある．よって

$$P(X_k = 1) = \frac{100 \cdot {}_{599}P_{59}}{{}_{600}P_{60}} = \frac{100}{600} = \frac{1}{6}$$

(2) (1)と同じ試行で 1 番目と 2 番目に 1 が並ぶ並べ方を考えて

$$P(X_1 = 1,\ X_2 = 1) = \frac{100 \cdot 99 \cdot {}_{598}P_{58}}{{}_{600}P_{60}} = \frac{100 \cdot 99}{600 \cdot 599} = \frac{99}{6 \cdot 599}$$

である．これは $P(X_1 = 1) \cdot P(X_2 = 1) = \dfrac{1}{36}$ と異なる．よって，X_1 と X_2 は独立ではない．

(3) 600 個から同時に 60 個を選ぶ試行で 1 が 10 個出る確率を考えて

$$P(X = 10) = \frac{{}_{100}C_{10} \cdot {}_{500}C_{50}}{{}_{600}C_{60}}$$

※ (1)の試行で考えると，

$$P(X = 10) = \frac{{}_{60}C_{10} \cdot {}_{100}P_{10} \cdot {}_{500}P_{50}}{{}_{600}P_{60}}$$

(4) コンピュータで計算すると，$P(X = 10) = 0.144411$

(5) サイコロを 60 回振って 1 の目が 10 回出る確率は $_{60}C_{10}\left(\dfrac{1}{6}\right)^{10}\left(\dfrac{5}{6}\right)^{50}$ で，コンピュータで計算すると，0.137013 ∎

※ 「母集団の大きさ（袋の中の球の個数）が標本の大きさ（取り出す回数）に比べて十分大きい場合には，非復元抽出を復元抽出で近似できるそうである．」ということであった．

　母集団の大きさが 600 で，標本の大きさが 60 であった．十分大きいとまでは言えないが，(4)と(5)の値はそれなりに近いものになった．

　実は，$P(X = m)$（$0 \leqq m \leqq 60$）が最大になるのが $m = 10$ のときである．その確率でのズレが $0.144411 - 0.137013 = 0.007398$ であった．

ズレの全体像を図示すると次のようになる.

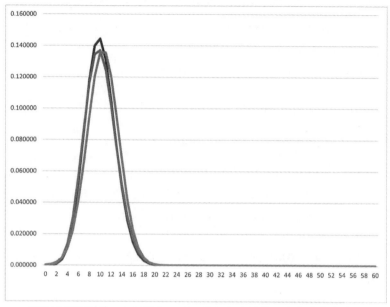

グラフがほぼピッタリ重なっていることを感じてもらえたら良い.

ちなみに,図には3つのグラフを描いている.3つ目は何だろうか?

サイコロを繰り返し振って1の目が出る回数 X を考えると,復元抽出として二項分布に従う.二項分布 $B(n, p)$ に従う確率変数は,n が十分大きいとき,正規分布 $N(np, npq)$ で近似できる($q = 1 - p$ である).$N(np, npq)$ は,問題 2-26 にある通り,$B(n, p)$ と平均,分散が等しい正規分布である.

"非復元抽出" を "復元抽出" で近似するのは,最終的に,"正規分布" に従うと見なすためである.

3つ目のグラフは,正規分布に従うとして描いたものである.それなりに有効な近似であることがうかがえる.実際に問題を解くときには,「十分大きいと見なして良い」などの但し書きがあるときに近似をする.

600 個から 60 個の非復元抽出で,1の回数 X を考えるとき,「600 が 60 に比べて十分大きい」と見なすことにしたら,確率変数 X は近似的に,二項分布 $B\left(60, \frac{1}{6}\right)$ に従うことになる.さらに,「60 が十分大きい」と

見なすと，X は近似的に正規分布 $N\left(10, \dfrac{25}{3}\right)$ に従うことになる．

　十分大きいかどうかの判断は難しい．目的によっても違ってくるので，ここでは深入りしない．

　最後に，(4)，(5) について，少し考えておこう．

$$\frac{{}_{60}\mathrm{C}_{10} \cdot {}_{100}\mathrm{P}_{10} \cdot {}_{500}\mathrm{P}_{50}}{{}_{600}\mathrm{P}_{60}} \quad \text{☞非復元抽出}$$

$$_{60}\mathrm{C}_{10}\left(\frac{1}{6}\right)^{10}\left(\frac{5}{6}\right)^{50} \quad \text{☞復元抽出}$$

の 2 つは近い値になった．この意味を考える．

　${}_{60}\mathrm{C}_{10}$ の部分は共通している．非復元抽出の方で残りの部分は

$$\frac{100 \cdot 99 \cdots\cdots 91 \times 500 \cdot 499 \cdots\cdots 451}{600 \cdot 599 \cdots\cdots 541}$$

である．600 が 60 と比べて十分大きいと見るというのは，上下の比を考える際に

$$100 \fallingdotseq 99 \fallingdotseq \cdots\cdots \fallingdotseq 91$$
$$500 \fallingdotseq 499 \fallingdotseq \cdots\cdots \fallingdotseq 451$$
$$600 \fallingdotseq 599 \fallingdotseq \cdots\cdots \fallingdotseq 541$$

として，

$$\frac{100 \cdot 99 \cdots\cdots 91 \times 500 \cdot 499 \cdots\cdots 451}{600 \cdot 599 \cdots\cdots 541}$$

$$\fallingdotseq \frac{100}{600} \cdot \frac{100}{600} \cdots\cdots \frac{100}{600} \times \frac{500}{600} \cdot \frac{500}{600} \cdots\cdots \frac{500}{600}$$

と見なすということである．

　これで，非復元抽出は復元抽出とほぼ同じと見なせて，X は近似的に二項分布に従うことになる．

確率論は確率変数について考察するものであるが，統計学は実際に得られた確率変数の実現値を解析して推定するものである．まず，次のような問題を考えよう．

ある大学の入学試験は定員 150 名のところ 250 名の受験者がいた．試験の結果は 400 点満点の試験に対し，平均点は 250 点であり，合格最低点は小数点以下を切り上げると 238 点であったという．

得点の分布が正規分布であるとみなせるとするとき，得点の標準偏差として適するものを次から選べ．

      ⓪ 20   ① 30   ② 40   ③ 50   ④ 60

ただし，確率変数 Z が標準正規分布に従うとき，

$$P(Z>0.25)=0.4,\ P(Z>0.5)=0.3,\ P(Z>0.54)=0.2$$

とする．

---

(1) この問題を解け．

(2) 250 人の受験者から無作為に抽出した 100 人の平均点を $\overline{X}$ とおく．$\overline{X}$ は大きさ 100 の標本平均である．母集団の分布が正規分布であるとしているから，$\overline{X}$ も正規分布に従うとして良い．$\overline{X}$ の期待値 $E(\overline{X})$ と分散 $V(\overline{X})$ を求めよ．

(3) 実際に 100 人を選ぶと，$\overline{X}=245$ が得られたとする．全体の平均点（母平均）が 250 点であることを知らない人は，母平均を 245 点と推定する．次の 1），2）の場合について，母平均に対する信頼度 95% の信頼区間を $[a,\ b]$ の形で求めよ．ただし，確率変数 Z が標準正規分布に従うとき，

$$P(|Z|\leqq 1.96)=0.95$$

とする．

  1) 母標準偏差が（1）で求めた値であると知っている場合，

  2) 母標準偏差を知らない場合は，100 人の得点の標本標準偏差を，母標準偏差の推定値として利用する．標本標準偏差が 45 である場合．

【ヒント】

平均点は, 確率変数 X を「250 人から選ばれた 1 人の得点」とするときの期待値 $E(X)$ である.

(2) 以降の確率変数 $\overline{X}$ は, X と同じ分布に従う確率変数 X_k $(1 \leqq k \leqq 100)$ をとり, その平均をとったものである. 無作為抽出の場合, X_k は互いに独立であると仮定する. また, X_k が正規分布に従う場合, $\overline{X}$ も正規分布に従う. これらは高校統計では, "原理" として受け入れる必要があるところである.

この観点がなかった人は, 改めて考えてみよう!

【解答・解説】

(1) 合格する条件は, 上位 60% に入ることである.

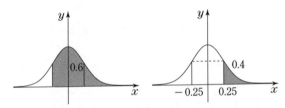

$P(Z > 0.25) = 0.4$ であるから, 対称性より $P(Z > -0.25) = 0.6$ である. 平均点よりも標準偏差 σ の 0.25 倍だけ下回る点が合格最低点で,

$$250 - \sigma \cdot 0.25 \fallingdotseq 238 \qquad \therefore \quad \sigma \fallingdotseq 48$$

である. $\sigma = 50$ のとき,

$$250 - 50 \cdot 0.25 = 237.5$$

で, 小数点以下を切り上げると 238 点であるから適する (③ 50).

(2) 確率変数 X を「250 人から選ばれた 1 人の得点」とすると, X は正規分布に従い, $E(X) = 250$, $V(X) = 50^2$ である.

X と同じ分布に従う確率変数 X_k $(1 \leqq k \leqq 100)$ をとり, その平均をとったものが $\overline{X} = \dfrac{1}{100}\displaystyle\sum_{k=1}^{100} X_k$ である.

$$E(\overline{X}) = \frac{1}{100}\sum_{k=1}^{100} E(X_k) = E(X) = 250$$

$$V(\overline{X}) = \frac{1}{100^2}\sum_{k=1}^{100} V(X_k) = \frac{1}{100}V(X) = \frac{50^2}{100} = 25$$

(3) 母平均を m と表す（$m = 250$ とは知らない設定である）．母標準偏
差を σ と表す（$\sigma = 50$ であるが，知っている場合と知らない場合がある）．

$$E(\overline{X}) = m, \ V(\overline{X}) = \frac{\sigma^2}{100}, \ \sigma(\overline{X}) = \frac{\sigma}{10}$$

であるから，$Z = \dfrac{10(\overline{X} - m)}{\sigma}$ が標準正規分布に従う．

ここで，$P(|Z| \leqq 1.96) = 0.95$ である．$|Z| \leqq 1.96$ は，

$$-1.96 \leqq \frac{10(\overline{X} - m)}{\sigma} \leqq 1.96$$

$$\therefore \quad -1.96 \cdot \frac{\sigma}{10} \leqq \overline{X} - m \leqq 1.96 \cdot \frac{\sigma}{10}$$

となる．確率変数 $\overline{X}$ がこれを満たす確率が，0.95 である．

実際に 100 人を選んで $\overline{X} = 245$ が得られたとすると，m について

$$245 - 1.96 \cdot \frac{\sigma}{10} \leqq m \leqq 245 + 1.96 \cdot \frac{\sigma}{10}$$

が 0.95 の確率で成り立つ．これが 95% 信頼区間で，

$$\left[245 - 1.96 \cdot \frac{\sigma}{10}, \ 245 + 1.96 \cdot \frac{\sigma}{10} \right]$$

と表す．m は 95% の確率でこの範囲に入っていると考えられる．

1）$\sigma = 50$ であると知っている場合，

$$[235.2, \ 254.8]$$

2）$\sigma = 50$ であると知らない場合，標本標準偏差 45 を σ の推定値として

$$[236.18, \ 253.82]$$

∎

※ n 人を抽出するとき，95% 信頼区間の幅は $2 \cdot 1.96 \cdot \dfrac{\sigma}{\sqrt{n}}$ である．人数を
多くすれば，幅は小さくなる．ここで注意しておくことは，受験者数が
何人であっても，抽出する人数が同じなら幅は同じになることである．

　50 万人が受験したテストでも，500 人が受験したテストでも，100 人
を抽出して平均点を推定すると，信頼区間の幅は同じである．受験者数
の何 % であるか，ということは関係ない．

※　本問では標本平均を利用した母平均の推定であった.

　もう1つの重要なものは, 母比率 p の推定である. 例えば, テレビの視聴率調査や政党の支持率調査などで活用される.

　母集団の中に特性 A をもつ要素がどれくらいの割合で含まれるか, を考える. その割合を $p\,(0<p<1)$ とする. 確率変数 X は, 母集団から1人を選ぶときに特性 A をもつと1とし, もたないと0とする. これはベルヌーイ分布に従い,

$$P(X=1)=p,\ E(X)=p,\ V(X)=p(1-p)$$

である.

　母集団から大きさ n の標本を無作為に抽出する. X と同じ分布に従い互いに独立な確率変数 $X_k\,(1\leqq k\leqq n)$ を考え, その標本平均 $\overline{X}$ について考えることになる (こういうときは, 確率変数 $\overline{X}$ を特性 A の標本比率という).

$$E(\overline{X})=\frac{1}{n}\sum_{k=1}^{n}E(X_k)=E(X)=p$$

$$V(\overline{X})=\frac{1}{n^2}\sum_{k=1}^{n}V(X_k)=\frac{1}{n}V(X)=\frac{p(1-p)}{n}$$

であることを利用して, 母比率 p に対する信頼区間を考えることができる.

　実際に n 人を選んで標本比率を求めたとしよう. つまり, $\overline{X}$ の実現値として, R という値が得られた, という設定である.

　母比率 p が不明で, R を p の推定値としたい. このとき,

$$\left[R-1.96\cdot\sqrt{\frac{p(1-p)}{n}},\ R+1.96\cdot\sqrt{\frac{p(1-p)}{n}}\right]$$

が母比率 p に対する95%信頼区間になる. これは, 母標準偏差が既知であるとして作った区間で, p を推定する範囲を表すのに p が用いられていることになる. これは現実的ではない. 根号内の p を推定値 R に書き換えた区間

$$\left[R-1.96\cdot\sqrt{\frac{R(1-R)}{n}},\ R+1.96\cdot\sqrt{\frac{R(1-R)}{n}}\right]$$

を, 母比率 p に対する95%信頼区間とすることになる.

　問題 2-26 では，サイコロを 6 万回振って 1 の目が出る回数 X について考察し，$P(X > 10180) = 0.0228$ であることを確認した．「6 万回振る試行を 100 回行って，1 の目が出る回数が 10180 回を超えるのはわずか 2 回ほどになるだろう」ということである．さらに，10233 回以上 1 の目が出るのは，200 回に 1 回ほどと推定できるのであった．

　これは，1 の目が確率 $\dfrac{1}{6}$ で出るサイコロであるという前提で計算したものである．これを前提とせず，「本当に確率 $\dfrac{1}{6}$ で 1 の目が出るのか？」を検証したいとする．その際は，基準を設ける必要がある．例えば，基準を 1% に設定する．もしサイコロを 6 万回振って 1 の目が 10233 回出たら，10233 回以上出る確率は基準値（1%）未満であるから，「1 の目が出る確率が $\dfrac{1}{6}$ である」という仮説を棄却する．「有意水準 1% で棄却された」という言い方をする．有意性検定，仮説検定という手法である．ただし，これは，「10233 回以上出る確率」を考えたので，片側検定という．

　あるサイコロを 10 回振ると 1 の目が 5 回出たとする．

（1）　有意水準 1% で「1 の目が出る確率が $\dfrac{1}{6}$ である」という仮説が棄却されるかどうか答えよ（正規分布に従うとは仮定しない）．数値計算にはコンピュータを用いても良い．

（2）　1 の目が出る回数を表す確率変数 X が近似的に正規分布に従うとして，（1）と同様の考察をせよ．ただし，章末の正規分布表を用いて良い．

【ヒント】

　1 の目が出る回数を表す確率変数 X をとり，$P(X \geqq 5) < 0.01$ となるかどうかを考えよう．（1）では二項分布で，（2）では正規分布で考える．10 は十分大きいとは言えないから，二項分布を正規分布で近似するのは無理があるが，ここでは指示に従う．検定の結果はどうなるだろう．

　この観点がなかった人は，改めて考えてみよう！

【解答・解説】

1の目が確率 $\dfrac{1}{6}$ で出ると仮定する.1の目が出る回数を表す確率変数 X をとり,$P(X \geqq 5) < 0.01$ となるかどうかを考える.

(1) X は二項分布に従い,

$$P(X \geqq 5) = \sum_{k=5}^{10} {}_{10}\mathrm{C}_k \left(\frac{1}{6}\right)^k \left(\frac{5}{6}\right)^{10-k} = 0.01546\cdots\cdots > 0.01$$

である.1の目が確率 $\dfrac{1}{6}$ で出るという仮説は,有意水準 1% で棄却されない.

(2) $$E(X) = 10 \cdot \frac{1}{6} = \frac{5}{3}, \ V(X) = 10 \cdot \frac{1}{6} \cdot \frac{5}{6} = \frac{25}{18}$$

であるから,X が正規分布 $N\left(\dfrac{5}{3}, \dfrac{25}{18}\right)$ に従うものとして考える.

$$Z = \frac{X - \dfrac{5}{3}}{\dfrac{5}{3\sqrt{2}}}$$

が標準正規分布に従うから,

$$\begin{aligned} P(X \geqq 5) &= P\left(Z \geqq 2\sqrt{2}\right) \\ &\fallingdotseq P(Z \geqq 2.83) = 0.5 - 0.49767 \\ &= 0.00233 < 0.01 \end{aligned}$$

である.1の目が確率 $\dfrac{1}{6}$ で出るという仮説は,有意水準 1% で棄却される.

※ 10が十分には大きくないため,(1)の二項分布と(2)の正規分布で差が大きくなった.

　いずれも確率は小さいが有意水準 1% で考えると,二項分布で考えた正確な結果と,正規分布での近似で検定結果が食い違った.

　正規分布の確率密度関数は極大値から少し離れると急激に 0 に近づく.10 程度の二項分布では,0 に近づくペースが正規分布とは大きくかけ離れるのである.

132

正規分布表

	.00	.01	.02	.03	.04	.05	.06	.07	.08	.09
0.0	0.0000	0.0040	0.0080	0.0120	0.0160	0.0199	0.0239	0.0279	0.0319	0.0359
0.1	0.0398	0.0438	0.0478	0.0517	0.0557	0.0596	0.0636	0.0675	0.0714	0.0753
0.2	0.0793	0.0832	0.0871	0.0910	0.0948	0.0987	0.1026	0.1064	0.1103	0.1141
0.3	0.1179	0.1217	0.1255	0.1293	0.1331	0.1368	0.1406	0.1443	0.1480	0.1517
0.4	0.1554	0.1591	0.1628	0.1664	0.1700	0.1736	0.1772	0.1808	0.1844	0.1879
0.5	0.1915	0.1950	0.1985	0.2019	0.2054	0.2088	0.2123	0.2157	0.2190	0.2224
0.6	0.2257	0.2291	0.2324	0.2357	0.2389	0.2422	0.2454	0.2486	0.2517	0.2549
0.7	0.2580	0.2611	0.2642	0.2673	0.2704	0.2734	0.2764	0.2794	0.2823	0.2852
0.8	0.2881	0.2910	0.2939	0.2967	0.2995	0.3023	0.3051	0.3078	0.3106	0.3133
0.9	0.3159	0.3186	0.3212	0.3238	0.3264	0.3289	0.3315	0.3340	0.3365	0.3389
1.0	0.3413	0.3438	0.3461	0.3485	0.3508	0.3531	0.3554	0.3577	0.3599	0.3621
1.1	0.3643	0.3665	0.3686	0.3708	0.3729	0.3749	0.3770	0.3790	0.3810	0.3830
1.2	0.3849	0.3869	0.3888	0.3907	0.3925	0.3944	0.3962	0.3980	0.3997	0.4015
1.3	0.4032	0.4049	0.4066	0.4082	0.4099	0.4115	0.4131	0.4147	0.4162	0.4177
1.4	0.4192	0.4207	0.4222	0.4236	0.4251	0.4265	0.4279	0.4292	0.4306	0.4319
1.5	0.4332	0.4345	0.4357	0.4370	0.4382	0.4394	0.4406	0.4418	0.4429	0.4441
1.6	0.4452	0.4463	0.4474	0.4484	0.4495	0.4505	0.4515	0.4525	0.4535	0.4545
1.7	0.4554	0.4564	0.4573	0.4582	0.4591	0.4599	0.4608	0.4616	0.4625	0.4633
1.8	0.4641	0.4649	0.4656	0.4664	0.4671	0.4678	0.4686	0.4693	0.4699	0.4706
1.9	0.4713	0.4719	0.4726	0.4732	0.4738	0.4744	0.4750	0.4756	0.4761	0.4767
2.0	0.4772	0.4778	0.4783	0.4788	0.4793	0.4798	0.4803	0.4808	0.4812	0.4817
2.1	0.4821	0.4826	0.4830	0.4834	0.4838	0.4842	0.4846	0.4850	0.4854	0.4857
2.2	0.4861	0.4864	0.4868	0.4871	0.4875	0.4878	0.4881	0.4884	0.4887	0.4890
2.3	0.4893	0.4896	0.4898	0.4901	0.4904	0.4906	0.4909	0.4911	0.4913	0.4916
2.4	0.4918	0.4920	0.4922	0.4925	0.4927	0.4929	0.4931	0.4932	0.4934	0.4936
2.5	0.4938	0.4940	0.4941	0.4943	0.4945	0.4946	0.4948	0.4949	0.4951	0.4952
2.6	0.49534	0.49547	0.49560	0.49573	0.49585	0.49598	0.49609	0.49621	0.49632	0.49643
2.7	0.49653	0.49664	0.49674	0.49683	0.49693	0.49702	0.49711	0.49720	0.49728	0.49736
2.8	0.49744	0.49752	0.49760	0.49767	0.49774	0.49781	0.49788	0.49795	0.49801	0.49807
2.9	0.49813	0.49819	0.49825	0.49831	0.49836	0.49841	0.49846	0.49851	0.49856	0.49861
3.0	0.49865	0.49869	0.49874	0.49878	0.49882	0.49886	0.49889	0.49893	0.49897	0.49900

数学 BC −③：「ベクトル」で扱う概念は

□平面上のベクトルとその演算
  ・相等，演算，平行，分解　・成分　・内積，なす角，面積

□ベクトルと平面図形
  ・位置ベクトル，内分，外分，重心　・直線，交点
  ・方向ベクトル，法線ベクトル，点の存在範囲，円

□空間のベクトル
  ・空間の座標，成分，内積，位置ベクトル
  ・直線，平面，球のベクトル方程式，方程式

である.

　図形問題を代数計算で解決するための道具というイメージが強い分野であるが，ベクトルを図形化することで計算量を減らすことができる.つまり，「次元と同じ本数のベクトルによる分解」と「それらの大きさ，内積が分かれば，2乗，展開によりあらゆる大きさ，長さが分かる」というのが基本の流れであるが，「係数比較できなくなるが，表現に使う本数を多くする」「内積を図形的に解釈して活用する」ということができるくらいまで深く理解しておきたい.

　本章では，通常はあまり扱わない概念についていくつか触れていく.知識として覚えて欲しいからではなく，初見の概念を深く理解し，応用する練習としてである.

　また，道具として使えても，定義があやふやな人が多い分野でもあるから，細かい部分の確認問題も入れておく.

問題 3-1

　図の三角形 OAB において，次を満たす各点を表すものとして適当なものを下図の ⓪ 〜 ⑨ の中から 1 つずつ選べ．

(1) $\overrightarrow{OP} = \dfrac{2\overrightarrow{OA}+3\overrightarrow{OB}}{5}$　　(2) $\overrightarrow{OQ} = \dfrac{3\overrightarrow{OA}+2\overrightarrow{OB}}{5}$

(3) $\overrightarrow{OR} = \dfrac{-2\overrightarrow{OA}+7\overrightarrow{OB}}{5}$　　(4) $\overrightarrow{OS} = \dfrac{7\overrightarrow{OA}-2\overrightarrow{OB}}{5}$

(5) $\overrightarrow{OT} = \dfrac{2\overrightarrow{OA}+3\overrightarrow{OB}}{4}$　　(6) $\overrightarrow{OU} = \dfrac{3\overrightarrow{OA}+2\overrightarrow{OB}}{6}$

(7) $\overrightarrow{OV} = \dfrac{-2\overrightarrow{OA}+7\overrightarrow{OB}}{6}$　　(8) $\overrightarrow{OW} = \dfrac{-7\overrightarrow{OA}+2\overrightarrow{OB}}{10}$

(9) $\overrightarrow{OX} = \dfrac{-\overrightarrow{OA}-2\overrightarrow{OB}}{10}$

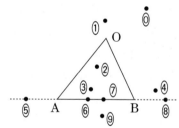

問題 3-2

　三角形 OAB の内部に点 P があり，3 つの三角形の面積の比が

$$\triangle OAP : \triangle OBP : \triangle ABP = 1 : 2 : 3$$

であるという．直線 OP，AB の交点を Q とおく．

(1)　$\triangle OAQ : \triangle OBQ$ を求め，$\overrightarrow{OQ}$ を $\overrightarrow{OA}$，$\overrightarrow{OB}$ を用いて表せ．

(2)　$\overrightarrow{OP}$ を $\overrightarrow{OA}$，$\overrightarrow{OB}$ を用いて表せ．

問題

[問題 3-3]

図のように三角形 ACP の内部に点 B があり，
△BCP : △CAP : △ABP = 2 : 10 : 3 であるとい
う．このとき，P が終点のベクトルについて成
り立つものを次から選べ．

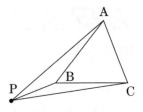

⓪ $2\overrightarrow{\mathrm{AP}} + 10\overrightarrow{\mathrm{BP}} + 3\overrightarrow{\mathrm{CP}} = \vec{0}$ ① $2\overrightarrow{\mathrm{AP}} - 10\overrightarrow{\mathrm{BP}} + 3\overrightarrow{\mathrm{CP}} = \vec{0}$

② $-2\overrightarrow{\mathrm{AP}} + 10\overrightarrow{\mathrm{BP}} + 3\overrightarrow{\mathrm{CP}} = \vec{0}$ ③ $2\overrightarrow{\mathrm{AP}} + 10\overrightarrow{\mathrm{BP}} - 3\overrightarrow{\mathrm{CP}} = \vec{0}$

[問題 3-4]

三角形 OAB において，3 辺の長さが OA $= 7$，OB $= 5$，AB $= 6$ である
とする．$\overrightarrow{\mathrm{OA}} = \vec{a}$，$\overrightarrow{\mathrm{OB}} = \vec{b}$ とおく．

辺 OA，OB 上に，O からの距離が 1 になる点 C，D をそれぞれとる．
さらに，C，D のどちらからの距離も 1 である点で O ではないものを E
とする．直線 OE が直線 AB と交わる点を P とする．

辺 OA の O 側の延長線上に，O からの距離が 1 になる点 F をとり，D，F
のどちらからの距離も 1 である点で O ではないものを G とする．直線
OG が直線 AB と交わる点を Q とする．

O を始点とする C，D，E，P，F，G，Q の位置ベクトルを，$\vec{a}$，$\vec{b}$ を
用いて表せ．

[問題 3-5]

1 辺の長さが 2 の正六角形 ABCDEF が，円 O に外接している．辺 BC
と円 O の接点を P とし，線分 AP と円 O の交点を Q とする．

(1) AP および AQ の長さを求めよ．

(2) $\overrightarrow{\mathrm{AP}}$，$\overrightarrow{\mathrm{AQ}}$ を，$\overrightarrow{\mathrm{AB}}$，$\overrightarrow{\mathrm{AF}}$ を用いて表せ．

[問題 3-6]

半径が1の円 O の中心を O とする．円の外部の点 P から円 O に2本の接線を引き，2接点を S, T とおく．線分 ST と直線 OP の交点を Q とおく．

$\angle SPT = 2\theta$ とおくとき，$\overrightarrow{OQ}$, $\overrightarrow{OP}$ を $\overrightarrow{OS}$, $\overrightarrow{OT}$, θ を用いて表せ．

[問題 3-7]

三角形 ABC において，辺 BC の中点を M とすると，AM $= a$, BM $= b$ であるという．$\overrightarrow{AB} \cdot \overrightarrow{AC}$, $\left|\overrightarrow{AB}\right|^2 + \left|\overrightarrow{AC}\right|^2$ を a, b で表せ．

[問題 3-8]

平面内に点 O を中心とする半径1の円 C がある．C の外部に2点 A, B をとり，三角形 OAB を作ると，$\overrightarrow{OA} \cdot \overrightarrow{OB} = -2\left|\overrightarrow{OA}\right|$ が成り立つという．三角形 OAB と円 C を表す点 B として適当なものを次の中から選べ．

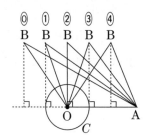

問題 3-9

以下の①〜④に適するものを下から選び，⑤に当てはまるものを書け．

[①〜④の選択肢]

⓪ 向きを指定した線分　① 位置を決めた線分

② 大きさを指定した線分　③ 位置と向きと大きさ

④ 位置と向き　⑤ 向きと大きさ　⑥ 大きさと位置

⑦ 位置　⑧ 向き　⑨ 大きさ

「ベクトルって何？」と聞かれたら，何と答えるだろうか？

「有向線分だ」と答える人もいるかも知れない．有向線分とは，　①　である．始点と終点をもっている．有向線分は，　②　で決まる．

そのうち，　③　の違いを区別せず，　④　だけで決まるものを考えると，それがベクトルである．$\overrightarrow{AB}$ は，有向線分 AB ではない．ベクトルAB である．例えば，O を原点とし，A(1, 2)，B(4, 4)，C(3, 2) とするとき，ベクトル AB とベクトル OC は同じベクトルである．いずれも成分で書くと　⑤　である．しかし，有向線分としては異なるものである．

ベクトル AB，つまり $\overrightarrow{AB}$ は，有向線分 AB と同じ　④　をもつものをまとめて表示するものである．

問題 3-10

高校の教科書の定義に従うと，以下の文章には誤りが含まれている．

　　2つのベクトル $\vec{a}$, $\vec{b}$ に対し，なす角 θ $(0 \leqq \theta \leqq \pi)$ が定義され，
それを用いてベクトル $\vec{a}$, $\vec{b}$ の内積 $\vec{a} \cdot \vec{b}$ は

$$\vec{a} \cdot \vec{b} = |\vec{a}||\vec{b}|\cos\theta \quad \cdots\cdots \quad ①$$

と定義される．①より，$\vec{a} \cdot \vec{b} = 0$ となる条件は

$$|\vec{a}| = 0 \text{ または } |\vec{b}| = 0 \text{ または } \cos\theta = 0 \quad \cdots\cdots \quad ②$$

である．つまり，

$$\vec{a} = \vec{0} \text{ または } \vec{b} = \vec{0} \text{ または } \vec{a} \perp \vec{b} \quad \cdots\cdots \quad ③$$

以下の問いに答えよ．

(1)　$\vec{a} = \vec{0}$ のときの，$\vec{a}$, $\vec{b}$ のなす角 θ はどう定まっているのだろうか？
　　以下から適するものを選べ．

　　　⓪ 任意の角度としてよく，その都度，適当な角度にする

　　　① なす角 θ は定義されていない

(2)　$\vec{a} = \vec{0}$ のとき，内積 $\vec{a} \cdot \vec{b}$ はどのように定義されているのだろうか？
　　以下から適するものを選べ．

　　　⓪ $\vec{0}$ でないときと同様に①で定義されている

　　　① なす角 θ が定義されていないから，①とは別で $\vec{a} \cdot \vec{b} = 0$ と決
　　　　めている

(3)　③は正しいが，「①より②が導かれる」というのは間違っているとい
　　う．その理由として適当なものを選べ．

　　　⓪ $\vec{a} = \vec{0}$ のとき，θ は任意だから，$\cos\theta = 0$ となる θ をとれば良く，
　　　　わざわざ「$|\vec{a}| = 0$ または」と書く必要はないから

　　　① $\vec{a} \cdot \vec{b} = 0$ となるのは，「$\vec{a} = \vec{0}$ または $\vec{b} = \vec{0}$ で，$\vec{a} \cdot \vec{b} = 0$ と定
　　　　まっている」とき，または，「$\vec{a} \neq \vec{0}$, $\vec{b} \neq \vec{0}$ で内積は①で定まり，
　　　　$\cos\theta = 0$」のときであるから

[問題 3-11]

$\vec{a} \perp \vec{b}$ のとき，$\vec{a}$，$\vec{b}$ のなす角 θ について，$\cos\theta=0$ であるから，
$$\vec{a} \cdot \vec{b} = 0$$
である．これを利用して図形の方程式を考えてみよう．

異なる 3 定点 O$(0, 0)$，A(a, b)，B(c, d) と動点 P(x, y) について，以下の問いに答えよ．

(1) 以下の説明には小さな誤りが含まれている．それを指摘せよ．

直線 $ax+by=ac+bd$ について考える．左辺，右辺は，
$$\overrightarrow{OA} \cdot \overrightarrow{OP} = ax+by, \quad \overrightarrow{OA} \cdot \overrightarrow{OB} = ac+bd$$
となっているから，動点 P は
$$\overrightarrow{OA} \cdot \overrightarrow{OP} = \overrightarrow{OA} \cdot \overrightarrow{OB} \quad \therefore \quad \overrightarrow{OA} \cdot \overrightarrow{BP} = 0$$
を満たして動いている．これは，$\overrightarrow{OA} \perp \overrightarrow{BP}$ を意味しているから，P の軌跡である直線 $ax+by=ac+bd$ は，点 B を通り，直線 OA に垂直な直線である．

---

(2) 動点 P が $\overrightarrow{AP} \cdot \overrightarrow{BP} = 0$ を満たして動くときの P の軌跡を考えたい．
$$(x-a)(x-c)+(y-b)(y-d)=0$$
であるから，x^2，y^2 の項が含まれており，円の方程式のようである．1 点だけを表すことや P が存在しないことも考えられるが，2 点 A，B を通ることが分かるから，円を表していることが分かる．

この円は，どのように説明することができるか？適するものを選べ．

⓪ ある点 C と合わせて正三角形 ABC を作ると，その外接円

① 線分 AB が直径になるような円

② A，B を通り，半径が線分 AB の長さと一致するような円

問題 3-12

円 $C:(x-1)^2+(y-2)^2=4$ 上に点 T(s, t) があるとする. 直線
$$l:(s-1)(x-1)+(t-2)(y-2)=4$$
は, T における C の接線である. この直線 l が接線である理由を, ベクトルを用いて確認したい. そのために中心を A$(1, 2)$ とおく.

(1) l が T を通ることを確認せよ.

(2) l 上に動点 P(x, y) をとることで, 半径 AT と l が直交すること, つまり, $\overrightarrow{\mathrm{AT}} \cdot \overrightarrow{\mathrm{TP}}=0$ であることを確認せよ.

問題 3-13

直線 $l:ax+by+c=0$ と, l 上にない点 P(p, q) がある. 点 P から直線 l に引いた垂線の足を H とおく. 直線 l 上に定点 A(α, β) をとる.

(1) 以下のうち, l と垂直なベクトル $\overrightarrow{n}$ として適するものを選べ.

    ⓪ (a, b) ① (b, a) ② $(a, -b)$ ③ $(b, -a)$

(2) $\overrightarrow{\mathrm{PH}}$ は, ① の ② 方向への正射影ベクトルである. 当てはまるものを以下から選べ.

    ⓪ $\overrightarrow{\mathrm{AP}}$ ① $\overrightarrow{\mathrm{PA}}$ ② $\overrightarrow{\mathrm{AH}}$ ③ $\overrightarrow{\mathrm{HA}}$ ④ $\overrightarrow{n}$

(3) 点と直線の距離の公式 $\mathrm{PH}=\dfrac{|ap+bq+c|}{\sqrt{a^2+b^2}}$ が成り立つ理由を説明せよ.

問題 3-14

θ が $0\leq\theta\leq\pi$ の範囲を動くとき, $3\sin\theta+2\cos\theta$ のとりうる値の範囲を, 合成することなく求めよ.

問題 3-15

平面で直線 $l : 2x + 3y + 5 = 0$ と点 $A(1, -2)$ について考える.

(1) l と垂直なベクトルの 1 つとして $\vec{n} = (2, \boxed{①})$ をとる.また,l と平行なベクトルの 1 つに $\vec{d} = (\boxed{②}, 2)$ がある.

(2) 直線 l 上には点 $B(-1, \boxed{③})$ がある.

(3) 点 $C(-3, 0)$ は,直線 l に関して,点 A と同じ側にあるか,反対側にあるか,答えよ.

(4) 点 A から直線 l に引いた垂線の足を H とする.$\overrightarrow{AB}$ の $\vec{n}$ 方向への正射影ベクトルが $\boxed{④}$ であり,$\overrightarrow{BA}$ の $\vec{d}$ 方向への正射影ベクトルが $\boxed{⑤}$ である.

(5) 直線 l に関する点 A の対称点 D の座標を求めよ.

問題 3-16

空間内に四面体 $OABC$ があり,点 P は $\overrightarrow{OP} = \dfrac{1}{2}\overrightarrow{OA} + \dfrac{1}{3}\overrightarrow{OB} + \dfrac{1}{4}\overrightarrow{OC}$ と表されている.平面 ABC と平行で点 P を通る平面を π とし,平面 π と直線 OA の交点を Q とする.また,直線 OP と平面 ABC の交点を R とする.

このとき,$\overrightarrow{OQ}, \overrightarrow{OR}$ を $\overrightarrow{OA}, \overrightarrow{OB}, \overrightarrow{OC}$ を用いて表せ.

[問題 3-17]

以下の文を読み，その後の問いに答えよ．

空間内で 2 つのベクトル $\vec{a}=(1,\ 2,\ 0)$, $\vec{b}=(3,\ 4,\ -1)$ の両方と垂直なベクトルを 1 つ求めたい．$\vec{a}$ の z 成分が 0 である．a を実数として，$\vec{n}=(2,\ -1,\ a)$ とおくと，$\vec{a}\cdot\vec{n}=0$ である．いま

$$\vec{b}\cdot\vec{n}=6-4-a=2-a$$

であるから，$a=2$ のとき，$\vec{b}\cdot\vec{n}=0$ である．よって，両方と垂直なベクトルの 1 つとして，$\vec{n}=(2,\ -1,\ 2)$ がある．実数 s, t について，$\vec{n}$ は $s\vec{a}+t\vec{b}$ とも垂直であることが，次のようにして分かる．

$$(s\vec{a}+t\vec{b})\cdot\vec{n}=s(\vec{a}\cdot\vec{n})+t(\vec{b}\cdot\vec{n})=0$$

---

2 つのベクトル $\vec{c}=(-1,\ 9,\ 6)$, $\vec{d}=(1,\ -3,\ -3)$ の両方と垂直になるベクトル $\vec{m}$ を 1 つ求めたい．$\vec{c}+u\vec{d}$ の x 成分が 0 になるような実数 u を求めよ．また，これを利用して，ベクトル $\vec{m}$ を 1 つ求めよ．

問題 3-18

空間内に 3 点 A(1, 1, 0), B(3, 2, 1), C(1, 3, 5) がある. この 3 点を通る平面 ABC 上を動く動点 P(x, y, z) は, 実数 s, t を用いて

$$\overrightarrow{OP} = \overrightarrow{OA} + s\overrightarrow{AB} + t\overrightarrow{AC} \quad \cdots\cdots \quad ①$$

と表すことができる. $\overrightarrow{AB} = (2, 1, 1)$, $\overrightarrow{AC} = (0, 2, 5)$ であるから,

$$\begin{cases} x = 1 + 2s \\ y = 1 + s + 2t \\ z = s + 5t \end{cases} \quad \therefore \quad s = \frac{x-1}{2}, \ t = \frac{2y-x-1}{4}$$

$$z = \frac{x-1}{2} + 5 \cdot \frac{2y-x-1}{4}$$

であり, 整理すると

$$3x - 10y + 4z + 7 = 0 \quad \cdots\cdots \quad ②$$

である. A, B, C が②を満たすことは確認できる. これを踏まえて, 次の問いに答えよ.

(1) 平面 ABC と垂直なベクトル, つまり, $\overrightarrow{AB}$, $\overrightarrow{AC}$ の両方と垂直なベクトル $\overrightarrow{n}$ を 1 つ求めよ.

(2) $\overrightarrow{n}$ は $s\overrightarrow{AB} + t\overrightarrow{AC}$ と垂直である. ①と同じ意味を表す式として適するものを次から選べ.

$\quad$ ⓪ $\overrightarrow{n} \cdot \overrightarrow{OP} = 0$ $\quad$ ① $\overrightarrow{n} \cdot \overrightarrow{AP} = 0$ $\quad$ ② $\overrightarrow{n} = k\overrightarrow{OA}$ (k は実数)

(3) (2)で選んだ式が②と同じであることを確認せよ.

問題 3-19

空間内に平面 $\pi : 2x + 3y + 4z + 5 = 0$ がある.

π 上には点 $A(-3, -1, \boxed{①})$ がある. また, π の法線ベクトルの 1 つとして $\vec{n} = (2, \boxed{②}, \boxed{③})$ がある.

π 上の任意の点 P について, $\vec{n} \cdot \overrightarrow{OP} = \boxed{④}$ が成り立つ. これにより, $\overrightarrow{OP}$ の $\vec{n}$ 方向への正射影ベクトルは, $\vec{n}$ の $\boxed{⑤}$ 倍である.

π 上にない点 $B(1, 2, 3)$ をとる. B から平面 π に引いた垂線の足を H とする. すると, $\overrightarrow{BH}$ は, $\overrightarrow{BA}$ の $\vec{n}$ 方向への正射影ベクトルであるから, $H(\boxed{⑥}, \boxed{⑦}, \boxed{⑧})$ である. また, 点 B と平面 π の距離は $\boxed{⑨}$ である.

問題 3-20

空間内に平面 $\pi : x - 2y + 4z + 7 = 0$ がある.

(1) π と平行で原点を通る平面の方程式を求めよ.

(2) 3 点 $A(3, 4, 5)$, $B(1, 4, 0)$, $C(-1, 2, -3)$ が

⓪ π 上にある ① π について原点と同じ側にある

② π について原点と反対側にある

のいずれであるかをそれぞれ答えよ.

問題 3-21

空間内で2平面 $P : x + 2y - 3z + 1 = 0$ と $Q : 2x - y + 7 = 0$ を考える.

(1) P, Q の法線ベクトル $(1,\ 2,\ -3)$, $(2,\ -1,\ 0)$ の両方と垂直なベクトル $\vec{n}$ を1つ求めよ.

(2) P, Q の交わりである直線 l について考える. l の方程式は

$$x + 2y - 3z + 1 = 0 \quad かつ \quad 2x - y + 7 = 0$$

である. これを変形して

$$\frac{x}{3} = \frac{y-7}{6} = \frac{z-5}{5}$$

とできることを示せ.

(3) (2)の式の値を t とおくことで, 直線 l と平行なベクトル $\vec{d}$ を1つ求めよ. また, (1)の $\vec{n}$ との関係について論ぜよ.

問題 3-1

図の三角形 OAB において，次を満たす各点を表すものとして適当なものを下図の ⓪ ～ ⑨ の中から1つずつ選べ.

(1) $\overrightarrow{\text{OP}} = \dfrac{2\overrightarrow{\text{OA}} + 3\overrightarrow{\text{OB}}}{5}$ 　　(2) $\overrightarrow{\text{OQ}} = \dfrac{3\overrightarrow{\text{OA}} + 2\overrightarrow{\text{OB}}}{5}$

(3) $\overrightarrow{\text{OR}} = \dfrac{-2\overrightarrow{\text{OA}} + 7\overrightarrow{\text{OB}}}{5}$ 　　(4) $\overrightarrow{\text{OS}} = \dfrac{7\overrightarrow{\text{OA}} - 2\overrightarrow{\text{OB}}}{5}$

(5) $\overrightarrow{\text{OT}} = \dfrac{2\overrightarrow{\text{OA}} + 3\overrightarrow{\text{OB}}}{4}$ 　　(6) $\overrightarrow{\text{OU}} = \dfrac{3\overrightarrow{\text{OA}} + 2\overrightarrow{\text{OB}}}{6}$

(7) $\overrightarrow{\text{OV}} = \dfrac{-2\overrightarrow{\text{OA}} + 7\overrightarrow{\text{OB}}}{6}$ 　　(8) $\overrightarrow{\text{OW}} = \dfrac{-7\overrightarrow{\text{OA}} + 2\overrightarrow{\text{OB}}}{10}$

(9) $\overrightarrow{\text{OX}} = \dfrac{-\overrightarrow{\text{OA}} - 2\overrightarrow{\text{OB}}}{10}$

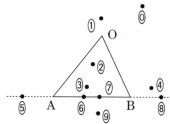

【ヒント】

A(1, 0)，B(0, 1) の場合を考えると，座標と対応して分かりやすい.

係数の和が同じなら，直線 AB と平行な同じ直線（$x+y=k$ に相当）上にある. また，係数がともに正であれば角 AOB 内にある（第1象限に相当）.

「係数の和が1」であれば直線 AB（$x+y=1$ に相当）上にあり，係数の比からは内分・外分についての情報が得られる.

「係数の和が0」であれば，$x+y=0$ に相当する直線で，それは O を通る.

「係数の和が1でない」ときは，O と点を結んだ直線が直線 AB と交わる点（「係数の和が1」の表示になる点）との関係に注目すると良い.

この観点がなかった人は，改めて考えてみよう！

【解答・解説】

まず (1) ～ (4) を考える. 以下の通り, 4 点はすべて直線 AB 上にある.

$$\frac{2+3}{5}=1, \ \frac{3+2}{5}=1, \ \frac{-2+7}{5}=1, \ \frac{7-2}{5}=1$$

順に, 線分 AB を 3:2 に内分する点, 2:3 に内分する点, 7:2 に外分する点, 2:7 に外分する点であり, (1) ～ (4) の順に ⑦, ⑥, ⑧, ⑤ である.

次に (5), (6) を考える. 係数はいずれも正である（第 1 象限にある）.

$$\overrightarrow{OT} = \frac{5}{4} \cdot \frac{2\overrightarrow{OA}+3\overrightarrow{OB}}{5}$$

$$\overrightarrow{OU} = \frac{5}{6} \cdot \frac{3\overrightarrow{OA}+2\overrightarrow{OB}}{5}$$

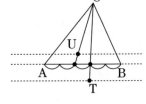

(5) は, 線分 AB を 3:2 に内分する点をとり, O から見て 4 つに分けた 5 個分のところの ⑨ である. (6) は, 線分 AB を 2:3 に内分する点をとり, O から見て 6 つに分けた 5 個分のところの ③ である.

最後に, (7) ～ (9) を考える. 係数に負の数も含まれている.

$$\overrightarrow{OV} = \frac{5}{6} \cdot \frac{-2\overrightarrow{OA}+7\overrightarrow{OB}}{5}$$

$$\overrightarrow{OW} = -\frac{1}{2} \cdot \frac{7\overrightarrow{OA}-2\overrightarrow{OB}}{5}$$

$$\overrightarrow{OX} = -\frac{3}{10} \cdot \frac{\overrightarrow{OA}+2\overrightarrow{OB}}{3}$$

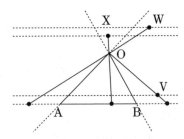

(7) は, 線分 AB を 7:2 に外分する点をとり, O から見て 6 つに分けた 5 個分のところの ④ である. (8) は, 線分 AB を 2:7 に外分する点をとり, O から見て 2 個に分けた 1 個分を逆に進んだところの ⓪ である. (9) は, 線分 AB を 2:1 に内分する点をとり, O から見て 10 個に分けた 3 個分を逆に進んだところの ① である.

■

※ 座標のように見ると, よく分かる. 特に, (9) は第 3 象限にあるから ① であり, 第 2 象限にある ⓪, ④ にはそれぞれ (7) か (8) が対応する.

三角形 OAB の内部に点 P があり，3 つの三角形の面積の比が

$$\triangle OAP : \triangle OBP : \triangle ABP = 1 : 2 : 3$$

であるという．直線 OP，AB の交点を Q とおく．

(1) $\triangle OAQ : \triangle OBQ$ を求め，$\overrightarrow{OQ}$ を $\overrightarrow{OA}$，$\overrightarrow{OB}$ を用いて表せ．

(2) $\overrightarrow{OP}$ を $\overrightarrow{OA}$，$\overrightarrow{OB}$ を用いて表せ．

【ヒント】

共通する長さを利用したら，既知の面積比から，知りたい面積比が分か
る．面積比は，分点の比を教えてくれる．

この観点がなかった人は，改めて考えてみよう！

【解答・解説】

(1) P は三角形の内部にあるから，Q は線分 AB 上にある．

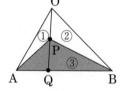

$$\triangle OAQ = \frac{OQ}{OP} \triangle OAP,$$

$$\triangle OBQ = \frac{OQ}{OP} \triangle OBP$$

であるから，

$$\triangle OAQ : \triangle OBQ = \triangle OAP : \triangle OBP = 1 : 2$$

$\triangle OAQ$，$\triangle OBQ$ で辺 AQ，BQ を底辺としたら高さが共通であるから，
$AQ : BQ = 1 : 2$ である．Q は線分 AB を $1 : 2$ に内分する点であるから

$$\overrightarrow{OQ} = \frac{2\overrightarrow{OA} + \overrightarrow{OB}}{3}$$

(2) $\triangle ABP : \triangle OAPB = 1 : 1$ より，P は OQ の中点であるから，

$$\overrightarrow{OP} = \frac{1}{2}\overrightarrow{OQ} = \frac{2\overrightarrow{OA} + \overrightarrow{OB}}{6}$$

■

※
$$\overrightarrow{\mathrm{OP}}=\frac{2\overrightarrow{\mathrm{OA}}+\overrightarrow{\mathrm{OB}}}{6}$$

を変形してみる．終点を P にすると

$$\overrightarrow{\mathrm{OP}}=\frac{2\left(\overrightarrow{\mathrm{OP}}-\overrightarrow{\mathrm{AP}}\right)+\left(\overrightarrow{\mathrm{OP}}-\overrightarrow{\mathrm{BP}}\right)}{6}$$

$$2\overrightarrow{\mathrm{AP}}+\overrightarrow{\mathrm{BP}}+3\overrightarrow{\mathrm{OP}}=\vec{0}$$

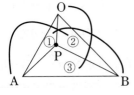

となる．この係数の意味は分かるだろうか？

問題で与えられた面積比

$$\triangle\mathrm{OAP}:\triangle\mathrm{OBP}:\triangle\mathrm{ABP}=1:2:3$$

と関係がありそうだ．

右図のように，係数比が，向い側にある

三角形の面積比になっている．

一般的に述べておく．

三角形 ABC の内部の点 P について，

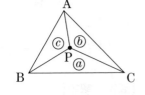

$$\triangle\mathrm{BCP}:\triangle\mathrm{CAP}:\triangle\mathrm{ABP}=a:b:c$$

であるとき，

$$a\overrightarrow{\mathrm{AP}}+b\overrightarrow{\mathrm{BP}}+c\overrightarrow{\mathrm{CP}}=\vec{0}\quad\cdots\cdots\quad①$$

が成り立つ．

この「面積と係数の関係」について，いくつかの問題を通じて探求を
してみよう．

※ $\vec{0}$ でない2つのベクトル $\vec{a}$, $\vec{b}$ が平行でないとき，実数 s, t について，
$s\vec{a}+t\vec{b}=\vec{0}$ となる必要十分条件は $s=t=0$ である．

しかし，平面内の3つのベクトルについて，①が成り立つからと言っ
て，「$a=b=c=0$ が成り立つ」とは限らない．

※ a, b, c がすべて正のとき，①を満たす P は三角形の内部にある．

では，a, b, c に0や負の数が含まれていたら，P はどんな位置にあ
るのだろうか？面積とどういう関係があるのだろう？

150

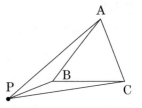

【問題 3-3】

図のように三角形 ACP の内部に点 B があり，△BCP：△CAP：△ABP＝2：10：3 であるという．このとき，P が終点のベクトルについて成り立つものを次から選べ．

⓪ $2\overrightarrow{AP}+10\overrightarrow{BP}+3\overrightarrow{CP}=\vec{0}$　　① $2\overrightarrow{AP}-10\overrightarrow{BP}+3\overrightarrow{CP}=\vec{0}$

② $-2\overrightarrow{AP}+10\overrightarrow{BP}+3\overrightarrow{CP}=\vec{0}$　　③ $2\overrightarrow{AP}+10\overrightarrow{BP}-3\overrightarrow{CP}=\vec{0}$

【ヒント】

直線 BP，AC の交点 Q をとると，面積比から AQ：CQ，PB：PQ が分かるのではないだろうか？そこから，どれが成り立つのかを考えてみよう．Q の取り方から，始点は B にしてみると良い．

この観点がなかった人は，改めて考えてみよう！

【解答・解説】

直線 BP，AC の交点を Q とおくと，図より，点 Q は線分 AC の内分点である．また，P は，線分 BQ の B 側の延長線上にある．

面積比から

$$\triangle BCP：\triangle ABP＝\triangle CPQ：\triangle APQ＝CQ：AQ$$
$$\triangle CAP：\triangle ABCP＝PQ：BP$$

であり，CQ：AQ＝2：3，PQ：BP＝2：1 である．よって，

$$\overrightarrow{BP}=-\frac{2\overrightarrow{BA}+3\overrightarrow{BC}}{5}$$
$$5\overrightarrow{BP}=-2\left(\overrightarrow{BP}-\overrightarrow{AP}\right)-3\left(\overrightarrow{BP}-\overrightarrow{CP}\right)$$
$$\therefore\quad 2\overrightarrow{AP}-10\overrightarrow{BP}+3\overrightarrow{CP}=\vec{0}$$

であるから，適するのは ① である．

※　実は，比を求めなくても消去法で正しいものを選ぶことができる．

【別解】

　三角形 ACP の内部に点 B があるから，P を始点として

$$\overrightarrow{PB} = s\overrightarrow{PA} + t\overrightarrow{PC} \quad (s > 0,\ t > 0,\ s + t < 1)$$

$$\therefore \quad s\overrightarrow{AP} - \overrightarrow{BP} + t\overrightarrow{CP} = \vec{0}$$

と表すことができる．符号が合うものは ⓪ のみである．

■

※　本問でも面積比と係数の比には関係があった．一般に，

$$a\overrightarrow{AP} + b\overrightarrow{BP} + c\overrightarrow{CP} = \vec{0} \quad \cdots\cdots \quad ①$$

であるとき，

$$\triangle BCP : \triangle CAP : \triangle ABP = |a| : |b| : |c|$$

が成り立つ（ただし，係数 a, b, c は 0 でないものとする）．

　$a > 0$, $b > 0$, $c > 0$ のとき，点 P は三角形の内部にあって，

$$\triangle BCP : \triangle CAP : \triangle ABP = a : b : c$$

となる．なお，すべてが負のときは，①の両辺に -1 を掛けると，すべてが正のときと同じになる．

　その他の場合は三角形の外部にある．

　さて，本問について，$\triangle APC$ と点 B に対して**問題 3-2** の公式を使うとどうなるだろう？

$$\triangle PBC : \triangle ABC : \triangle ABP = 2 : 5 : 3$$

であるから，

$$2\overrightarrow{AB} + 5\overrightarrow{PB} + 3\overrightarrow{CB} = \vec{0}$$

$$2\left(\overrightarrow{AP} - \overrightarrow{BP}\right) - 5\overrightarrow{BP} + 3\left(\overrightarrow{CP} - \overrightarrow{BP}\right) = \vec{0}$$

$$\therefore \quad 2\overrightarrow{AP} - 10\overrightarrow{BP} + 3\overrightarrow{CP} = \vec{0}$$

である．このようにしても ⓪ が得られる．

問題 3-4

　三角形 OAB において，3 辺の長さが OA = 7，OB = 5，AB = 6 である
とする．$\overrightarrow{OA} = \vec{a}$，$\overrightarrow{OB} = \vec{b}$ とおく．

　辺 OA，OB 上に，O からの距離が 1 になる点 C，D をそれぞれとる．
さらに，C，D のどちらからの距離も 1 である点で O ではないものを E
とする．直線 OE が直線 AB と交わる点を P とする．

　辺 OA の O 側の延長線上に，O からの距離が 1 になる点 F をとり，D，F
のどちらからの距離も 1 である点で O ではないものを G とする．直線
OG が直線 AB と交わる点を Q とする．

　O を始点とする C，D，E，P，F，G，Q の位置ベクトルを，$\vec{a}$，$\vec{b}$ を
用いて表せ．

【ヒント】

　ベクトルに対し，それと同じ向きの単位ベクトルは，"大きさの逆数"
倍で得られる．ひし形（平行四辺形）の対角線，内分・外分点については，
図形的性質をうまく使えば計算不要で考えることが可能である．

　この観点がなかった人は，改めて考えてみよう！

【解答・解説】

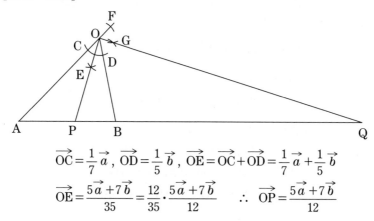

$$\overrightarrow{OC} = \frac{1}{7}\vec{a},\ \overrightarrow{OD} = \frac{1}{5}\vec{b},\ \overrightarrow{OE} = \overrightarrow{OC} + \overrightarrow{OD} = \frac{1}{7}\vec{a} + \frac{1}{5}\vec{b}$$

$$\overrightarrow{OE} = \frac{5\vec{a} + 7\vec{b}}{35} = \frac{12}{35} \cdot \frac{5\vec{a} + 7\vec{b}}{12} \qquad \therefore\ \overrightarrow{OP} = \frac{5\vec{a} + 7\vec{b}}{12}$$

$$\overrightarrow{\mathrm{OF}} = -\frac{1}{7}\vec{a}, \ \overrightarrow{\mathrm{OG}} = -\frac{1}{7}\vec{a} + \frac{1}{5}\vec{b}$$

$$\overrightarrow{\mathrm{OG}} = \frac{-5\vec{a} + 7\vec{b}}{35} = \frac{2}{35} \cdot \frac{-5\vec{a} + 7\vec{b}}{2} \qquad \therefore \ \overrightarrow{\mathrm{OQ}} = \frac{-5\vec{a} + 7\vec{b}}{2}$$

■

※ 作図していると見たら，直線 OP，OQ は角 O の内角，外角の二等分線である．P, Q は線分 AB を 7:5 = OA:OB に内分，外分する点になっているからである．

ここで，内心 I と傍心 J（角 A 内の）を考えてみよう．

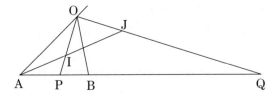

I, J は角 A の内角の二等分線上にある．

$$\mathrm{OI : IP = OA : AP} = 7 : 6 \cdot \frac{7}{12} = 2 : 1$$

$$\mathrm{OJ : JQ = OA : AQ} = 7 : 6 \cdot \frac{7}{2} = 1 : 3$$

よって，

$$\overrightarrow{\mathrm{OI}} = \frac{2}{3}\overrightarrow{\mathrm{OP}} = \frac{5\vec{a} + 7\vec{b}}{18}, \ \overrightarrow{\mathrm{OJ}} = \frac{1}{4}\overrightarrow{\mathrm{OQ}} = \frac{-5\vec{a} + 7\vec{b}}{8}$$

である．さらに，前問の形にすると，

$$18\,\overrightarrow{\mathrm{OI}} = 5\left(\overrightarrow{\mathrm{OI}} - \overrightarrow{\mathrm{AI}}\right) + 7\left(\overrightarrow{\mathrm{OI}} - \overrightarrow{\mathrm{BI}}\right)$$

$$\therefore \ 6\,\overrightarrow{\mathrm{OI}} + 5\,\overrightarrow{\mathrm{AI}} + 7\,\overrightarrow{\mathrm{BI}} = \vec{0}$$

$$8\,\overrightarrow{\mathrm{OJ}} = -5\left(\overrightarrow{\mathrm{OJ}} - \overrightarrow{\mathrm{AJ}}\right) + 7\left(\overrightarrow{\mathrm{OJ}} - \overrightarrow{\mathrm{BJ}}\right)$$

$$\therefore \ 6\,\overrightarrow{\mathrm{OJ}} - 5\,\overrightarrow{\mathrm{AJ}} + 7\,\overrightarrow{\mathrm{BJ}} = \vec{0}$$

が成り立つ．これは，内心 I，傍心 J についての

$$\triangle \mathrm{ABI} : \triangle \mathrm{OBI} : \triangle \mathrm{OAI} = \mathrm{AB : OB : OA}$$

$$\triangle \mathrm{ABJ} : \triangle \mathrm{OBJ} : \triangle \mathrm{OAJ} = \mathrm{AB : OB : OA}$$

という性質と対応している．

1辺の長さが2の正六角形 ABCDEF が，円 O に外接している．辺 BC と円 O の接点を P とし，線分 AP と円 O の交点を Q とする．

(1) AP および AQ の長さを求めよ．

(2) $\overrightarrow{\text{AP}}$, $\overrightarrow{\text{AQ}}$ を，$\overrightarrow{\text{AB}}$, $\overrightarrow{\text{AF}}$ を用いて表せ．

【ヒント】

(1)はベクトルを用いて計算すると，計算量が多くなる．特に，AQ の長さは，円と直線の交点を考えているから，幾何のある公式を思い出したい．AB が円 O の接線になっている．

(2)の $\overrightarrow{\text{AQ}}$ は，$\overrightarrow{\text{AP}}$ と同じ向きである．(1)を利用できないだろうか？

この観点がなかった人は，改めて考えてみよう！

【解答・解説】

(1) P は BC の中点である．AB＝2，BP＝1，∠B＝120° であるから，余弦定理より，

$$AP^2 = 4+1-2\cdot2\cdot1\left(-\frac{1}{2}\right)=7$$

$$\therefore \quad AP = \sqrt{7}$$

円 O と辺 AB の接点は AB の中点 M で AM＝1 である．方べきの定理より，

$$AP \cdot AQ = 1^2 \quad \therefore \quad AQ = \frac{1}{\sqrt{7}}$$

(2) P は線分 BC の中点であるから，

$$\overrightarrow{\text{AP}}=\overrightarrow{\text{AB}}+\frac{1}{2}\overrightarrow{\text{BC}}=\overrightarrow{\text{AB}}+\frac{1}{2}\overrightarrow{\text{AO}}=\overrightarrow{\text{AB}}+\frac{1}{2}\left(\overrightarrow{\text{AB}}+\overrightarrow{\text{AF}}\right)=\frac{3\overrightarrow{\text{AB}}+\overrightarrow{\text{AF}}}{2}$$

であり，$\overrightarrow{\text{AP}}$ と同じ向きの単位ベクトルを利用して

$$\overrightarrow{\text{AQ}}=AQ\cdot\frac{1}{AP}\overrightarrow{\text{AP}}=\frac{1}{\sqrt{7}}\cdot\frac{1}{\sqrt{7}}\cdot\frac{3\overrightarrow{\text{AB}}+\overrightarrow{\text{AF}}}{2}=\frac{3\overrightarrow{\text{AB}}+\overrightarrow{\text{AF}}}{14}$$

■

問題 3-6

半径が 1 の円 O の中心を O とする. 円の外部の点 P から円 O に 2 本の接線を引き, 2 接点を S, T とおく. 線分 ST と直線 OP の交点を Q とおく.

∠SPT $=2\theta$ とおくとき, $\overrightarrow{\mathrm{OQ}}$, $\overrightarrow{\mathrm{OP}}$ を $\overrightarrow{\mathrm{OS}}$, $\overrightarrow{\mathrm{OT}}$, θ を用いて表せ.

【ヒント】

Q は線分 ST の中点である. $\overrightarrow{\mathrm{OQ}}$, $\overrightarrow{\mathrm{OP}}$ は同じ向きであるから, 長さが分かれば, 表すことはできそうだ.

この観点がなかった人は, 改めて考えてみよう!

【解答・解説】

Q は線分 ST の中点であるから,

$$\overrightarrow{\mathrm{OQ}} = \frac{\overrightarrow{\mathrm{OS}} + \overrightarrow{\mathrm{OT}}}{2}$$

三角形 OPS, OTQ は相似であるから,

$$\mathrm{OP} : 1 = 1 : \mathrm{OQ}$$

$$\therefore \quad \mathrm{OP} \cdot \mathrm{OQ} = 1$$

である. $\overrightarrow{\mathrm{OQ}}$, $\overrightarrow{\mathrm{OP}}$ は同じ向きであるから,

$$\overrightarrow{\mathrm{OP}} = \mathrm{OP} \cdot \frac{1}{\mathrm{OQ}} \overrightarrow{\mathrm{OQ}} = \frac{1}{\mathrm{OQ}^2} \overrightarrow{\mathrm{OQ}}$$

である. $\mathrm{OQ} = \sin\theta$ であるから

$$\overrightarrow{\mathrm{OP}} = \frac{1}{\sin^2\theta} \cdot \frac{\overrightarrow{\mathrm{OS}} + \overrightarrow{\mathrm{OT}}}{2}$$

■

※ P と Q は円 O に関する「反転」の関係にある, という.

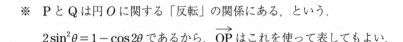

$2\sin^2\theta = 1 - \cos 2\theta$ であるから, $\overrightarrow{\mathrm{OP}}$ はこれを使って表してもよい.

三角形 ABC において，辺 BC の中点を M とすると，$\mathrm{AM}=a$, $\mathrm{BM}=b$ であるという．$\overrightarrow{\mathrm{AB}}\cdot\overrightarrow{\mathrm{AC}}$, $\left|\overrightarrow{\mathrm{AB}}\right|^2+\left|\overrightarrow{\mathrm{AC}}\right|^2$ を a, b で表せ．

【ヒント】

$\overrightarrow{\mathrm{AB}}$, $\overrightarrow{\mathrm{AC}}$ で表すという定番の流れでは，少しメンドクサイ．長さが分かっている線分に対応するベクトルを使って考えよう．

この観点がなかった人は，改めて考えてみよう！

【解答・解説】

$\overrightarrow{\mathrm{AM}}=\vec{a}$, $\overrightarrow{\mathrm{BM}}=\vec{b}$ とおくと，
$$|\vec{a}|=a,\ |\vec{b}|=b$$
右図から，$\overrightarrow{\mathrm{AB}}=\vec{a}-\vec{b}$, $\overrightarrow{\mathrm{AC}}=\vec{a}+\vec{b}$ であり，

$$\overrightarrow{\mathrm{AB}}\cdot\overrightarrow{\mathrm{AC}}=\left(\vec{a}-\vec{b}\right)\cdot\left(\vec{a}+\vec{b}\right)$$
$$=|\vec{a}|^2-|\vec{b}|^2=a^2-b^2$$
$$\left|\overrightarrow{\mathrm{AB}}\right|^2+\left|\overrightarrow{\mathrm{AC}}\right|^2=\left|\overrightarrow{\mathrm{AB}}+\overrightarrow{\mathrm{AC}}\right|^2-2\left(\overrightarrow{\mathrm{AB}}\cdot\overrightarrow{\mathrm{AC}}\right)$$
$$=|2\vec{a}|^2-2(a^2-b^2)=2(a^2+b^2)$$

∎

※　2つ目の計算結果は「パップスの中線定理」である．
$$\mathrm{AB}^2+\mathrm{AC}^2=2(\mathrm{AM}^2+\mathrm{BM}^2)$$
これについては

$$\left|\overrightarrow{\mathrm{AB}}\right|^2+\left|\overrightarrow{\mathrm{AC}}\right|^2=|\vec{a}-\vec{b}|^2+|\vec{a}+\vec{b}|^2$$
$$=\left(|\vec{a}|^2-2\vec{a}\cdot\vec{b}+|\vec{b}|^2\right)+\left(|\vec{a}|^2+2\vec{a}\cdot\vec{b}+|\vec{b}|^2\right)$$
$$=2(a^2+b^2)$$

としても良い．

平面内に点 O を中心とする半径 1 の円 C がある。C の外部に 2 点 A, B をとり，三角形 OAB を作ると，$\overrightarrow{OA}\cdot\overrightarrow{OB}=-2\left|\overrightarrow{OA}\right|$ が成り立つという。三角形 OAB と円 C を表す点 B として適当なものを次の中から選べ。

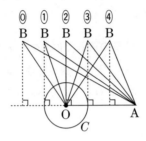

【ヒント】

$\left|\overrightarrow{OA}\right|>0$ であるから，$\overrightarrow{OA}\cdot\overrightarrow{OB}=-2\left|\overrightarrow{OA}\right|$ のとき，$\overrightarrow{OA}\cdot\overrightarrow{OB}$ の値は負である。なす角 θ は，鋭角・直角・鈍角のどれだろうか？もう少し詳しく考えると，$OB\cos\theta$ の値が分かる。これをもとに B の位置を考えよう。

この観点がなかった人は，改めて考えてみよう！

【解答・解説】

$\angle AOB=\theta$ とおくと，

$$OA\cdot OB\cos\theta=-2\,OA\qquad\therefore\quad OB\cos\theta=-2$$

である。θ は鈍角である。B から直線 OA に引いた垂線の足を B′ とおくと，B′ は O について A と反対側にあり，$OB'=2$ である。

よって，図で適するのは ⓪ である。　■

※　内積の値からは，なす角の情報に加え，垂線の足の位置に関する情報が得られる。特に以下は重要である。

$$\overrightarrow{OA}\cdot\overrightarrow{BB'}=0\qquad\therefore\quad\overrightarrow{OA}\cdot\overrightarrow{OB}=\overrightarrow{OA}\cdot\overrightarrow{OB'}$$

以下の①〜④に適するものを下から選び，⑤に当てはまるものを書け．

[①〜④の選択肢]

⓪ 向きを指定した線分　① 位置を決めた線分

② 大きさを指定した線分　③ 位置と向きと大きさ

④ 位置と向き　⑤ 向きと大きさ　⑥ 大きさと位置

⑦ 位置　⑧ 向き　⑨ 大きさ

「ベクトルって何？」と聞かれたら，何と答えるだろうか？

「有向線分だ」と答える人もいるかも知れない．有向線分とは，　①　である．始点と終点をもっている．有向線分は，　②　で決まる．

そのうち，　③　の違いを区別せず，　④　だけで決まるものを考えると，それがベクトルである．$\overrightarrow{AB}$ は，有向線分 AB ではない．ベクトル AB である．例えば，O を原点とし，A(1, 2)，B(4, 4)，C(3, 2) とするとき，ベクトル AB とベクトル OC は同じベクトルである．いずれも成分で書くと　⑤　である．しかし，有向線分としては異なるものである．

ベクトル AB，つまり $\overrightarrow{AB}$ は，有向線分 AB と同じ　④　をもつものをまとめて表示するものである．

【ヒント】

同じ「向き」と「大きさ」をもつ有向線分を，「位置」の違いは気にせず，同じものと捉えると「ベクトル」である．「点 A から点 B への移動の仕方」という捉え方をしても良い．「x 方向に 3，y 方向に 2 移動する」という移動の仕方を (3, 2) と表示し，その移動の始点が O でも A でも，同じベクトルだと考えるのである．$\overrightarrow{AB} = (3, 2)$ であり，$\overrightarrow{OC} = (3, 2)$ である．

この観点がなかった人は，改めて考えてみよう！

【解答・解説】

有向線分 AB は，線分 AB に向きを与えたもの（⓪）である（有向線分 AB と有向線分 BA は別のものである）．

・始点 A がどこにあるか，

・A から見て B がどの向きにあるか，

・A から B までの距離はどれくらいか

の3つで有向線分は決まる（③）．

ベクトルは，有向線分の3要素のうち，位置（⑦）の違いを区別せず，向きと大きさ（⑤）で決まる量である．

成分で書くと，いずれも

$$\overrightarrow{AB} = \overrightarrow{OC} = (3,\ 2)$$

である．

■

※ 有向線分をもとにベクトルを定義すると，この問題のようになる．

上記の「移動の仕方」のように成分によってベクトルを定義すると，「同じ成分になるベクトルは同じ」と理解できる．

※ ベクトルの和，差，実数倍，逆ベクトルの定義は，「始点が等しい有向線分で考える」ことになる．

「始点を揃える」というのは大事な考え方である．理論構築するときは，「揃える始点がどこであっても結果が同じ」であることが大事になる．「結果が同じ」と書いたが，「同じ」とは「ベクトルとしての同じ」である．つまり，「位置」によらない性質を，いったん「位置を固定」して考えたのち，「どの位置で考えてもベクトルとして同じ」と確認することで，ベクトルの性質として認められることになる．

※ 理論の構築をシンプルにするには，「成分」を利用すると良い．

和，差，実数倍は，x 成分，y 成分それぞれで計算したものと "定める" と良いし，逆ベクトルも成分ごとに -1 倍したものと "定める" と良い．

このように「成分」で定めたものを，始点をどこかに設定して「有向線分」で表現すると，「平行四辺形の対角線」といった形で実現される．

零ベクトル $\vec{0}$ も，「大きさが 0 の線分」をもとに考えなくても，移動の仕方が $(0, 0)$ であると考えることができる．

成分を考えるには座標設定が前提になるが，成分無しでベクトルを考えるときは，「本当はどこかに原点，x 軸，y 軸があって，移動の仕方でベクトルを考えているが，原点，x 軸，y 軸が見えていないだけ」と考えると良い．原点，x 軸，y 軸が見えていなくても，座標があるかのように図形を考えることができるというのが，ベクトルの良いところである．

※　少し高度な説明を試みてみたい．集合を使った説明である．

有向線分全体の集合を考える．

有向線分は，「始点」と「終点」（または「始点」「向き」「大きさ」）で決まるから，平面内での有向線分は，4 つの実数で決定される．

有向線分全体の集合において，ある有向線分 AB と「向き」「大きさ」が同じであるもの全体の集合を考えると，同じ向きと大きさの有向線分を集めた部分集合ができる．

この部分集合が「ベクトル AB」である．

部分集合の要素の 1 つ（これを "代表" と呼ぶことにする）として「有向線分 AB」が取れるから，この部分集合を「ベクトル AB」と表すのである．ベクトル AB という部分集合には無数の有向線分が含まれるが，ベクトル AB の代表となる有向線分として，いまは有向線分 AB を代表にしているのである．もちろん，別の有向線分，例えば有向線分 OC を代表にすることもできる．

有向線分としては，有向線分 AB と有向線分 OC は（「位置」が違うなら）別のものである．しかし，同じ部分集合の代表になるから，ベクトルとしてベクトル AB とベクトル OC は同じである．

あるクラスを「A 君の居るクラス」ということも「B さんの居るクラス」ということもあると思うが，これと同じようなものである．クラス内の誰を代表にしても良いのである．

問題 3-10

高校の教科書の定義に従うと，以下の文章には誤りが含まれている．

---

2 つのベクトル $\vec{a}$, $\vec{b}$ に対し，なす角 θ $(0 \leqq \theta \leqq \pi)$ が定義され，それを用いてベクトル $\vec{a}$, $\vec{b}$ の内積 $\vec{a} \cdot \vec{b}$ は

$$\vec{a} \cdot \vec{b} = |\vec{a}||\vec{b}|\cos\theta \quad \cdots\cdots \quad ①$$

と定義される．①より，$\vec{a} \cdot \vec{b} = 0$ となる条件は

$$|\vec{a}| = 0 \text{ または } |\vec{b}| = 0 \text{ または } \cos\theta = 0 \quad \cdots\cdots \quad ②$$

である．つまり，

$$\vec{a} = \vec{0} \text{ または } \vec{b} = \vec{0} \text{ または } \vec{a} \perp \vec{b} \quad \cdots\cdots \quad ③$$

以下の問いに答えよ．

(1) $\vec{a} = \vec{0}$ のときの，$\vec{a}$, $\vec{b}$ のなす角 θ はどう定まっているのだろうか？以下から適するものを選べ．

    ⓪ 任意の角度としてよく，その都度，適当な角度にする

    ① なす角 θ は定義されていない

(2) $\vec{a} = \vec{0}$ のとき，内積 $\vec{a} \cdot \vec{b}$ はどのように定義されているのだろうか？以下から適するものを選べ．

    ⓪ $\vec{0}$ でないときと同様に①で定義されている

    ① なす角 θ が定義されていないから，①とは別で $\vec{a} \cdot \vec{b} = 0$ と決めている

(3) ③は正しいが，「①より②が導かれる」というのは間違っているという．その理由として適当なものを選べ．

    ⓪ $\vec{a} = \vec{0}$ のとき，θ は任意だから，$\cos\theta = 0$ となる θ をとれば良く，わざわざ「$|\vec{a}| = 0$ または」と書く必要はないから

    ① $\vec{a} \cdot \vec{b} = 0$ となるのは，「$\vec{a} = \vec{0}$ または $\vec{b} = \vec{0}$ で，$\vec{a} \cdot \vec{b} = 0$ と定まっている」とき，または，「$\vec{a} \neq \vec{0}$, $\vec{b} \neq \vec{0}$ で内積は①で定まり，$\cos\theta = 0$」のときであるから

　設問間で選択肢⓪, ①はつながっているから, (1)で⓪を選ぶと, (2),
(3)も⓪になるだろう. 最後まで読んで, どちらであるかを判断してみよ
う. また, 教科書にどう書いてあるかも確認してみよう.「〇〇に対して
定義する」とあれば,「〇〇以外には定義しない」という意味が込められ
ていることに注意しよう.

　この観点がなかった人は, 改めて考えてみよう！

【解答・解説】

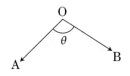

(1), (2)　$\vec{0}$ でないベクトル $\vec{a}$, $\vec{b}$ に対して,

$$\vec{a} = \overrightarrow{OA}, \ \vec{b} = \overrightarrow{OB}$$

となる O, A, B をとり, 半直線 OA, OB のなす角 θ のうち $0 \leqq \theta \leqq \pi$ を
満たすものを, 2ベクトル $\vec{a}$, $\vec{b}$ のなす角という. このとき, 内積を

$$\vec{a} \cdot \vec{b} = |\vec{a}||\vec{b}|\cos\theta \quad \cdots\cdots \quad ①$$

で定める.

　$\vec{a} = \vec{0}$ のとき, 内積は (なす角や大きさを用いることなく),

$$\vec{0} \cdot \vec{b} = 0$$

と定める. $\vec{b} = \vec{0}$ のときも $\vec{a} \cdot \vec{0} = 0$ と定める.

　このように, $\vec{a} = \vec{0}$ のときの, $\vec{a}$, $\vec{b}$ について正しいのは①であり,
なす角 θ は定義されておらず, 内積は $\vec{a} \cdot \vec{b} = 0$ と決めている.

(3)　(1), (2)から分かるように,

　　　①$\vec{a} \cdot \vec{b} = 0$ となるのは,「$\vec{a} = \vec{0}$ または $\vec{b} = \vec{0}$ で, $\vec{a} \cdot \vec{b} = 0$ と定
　　　まっている」とき, または,「$\vec{a} \neq \vec{0}$, $\vec{b} \neq \vec{0}$ で内積は①で定まり,
　　　$\cos\theta = 0$」のときであるから

①より②が導かれるわけではない. ただし, $|\vec{a}| = 0$ と $\vec{a} = \vec{0}$ は同じ意
味であるから,「②が間違っている」とは言えない (①から導いている
部分に問題がある).

　　　　　　　　　　　　　　　　　　　　　　　　　　　　■

※　成分での定義では $\vec{0}$ を分ける必要がない. **問題 3-11** も参照せよ.

$\vec{a} \perp \vec{b}$ のとき, $\vec{a}$, $\vec{b}$ のなす角 θ について, $\cos\theta = 0$ であるから,

$$\vec{a} \cdot \vec{b} = 0$$

である. これを利用して図形の方程式を考えてみよう.

異なる3定点 O$(0, 0)$, A(a, b), B(c, d) と動点 P(x, y) について, 以下の問いに答えよ.

(1) 以下の説明には小さな誤りが含まれている. それを指摘せよ.

直線 $ax + by = ac + bd$ について考える. 左辺, 右辺は,

$$\overrightarrow{OA} \cdot \overrightarrow{OP} = ax + by, \quad \overrightarrow{OA} \cdot \overrightarrow{OB} = ac + bd$$

となっているから, 動点 P は

$$\overrightarrow{OA} \cdot \overrightarrow{OP} = \overrightarrow{OA} \cdot \overrightarrow{OB} \quad \therefore \quad \overrightarrow{OA} \cdot \overrightarrow{BP} = 0$$

を満たして動いている. これは, $\overrightarrow{OA} \perp \overrightarrow{BP}$ を意味しているから, P の軌跡である直線 $ax + by = ac + bd$ は, 点 B を通り, 直線 OA に垂直な直線である.

---

(2) 動点 P が $\overrightarrow{AP} \cdot \overrightarrow{BP} = 0$ を満たして動くときの P の軌跡を考えたい.

$$(x - a)(x - c) + (y - b)(y - d) = 0$$

であるから, x^2, y^2 の項が含まれており, 円の方程式のようである. 1点だけを表すことや P が存在しないことも考えられるが, 2点 A, B を通ることが分かるから, 円を表していることが分かる.

この円は, どのように説明することができるか？適するものを選べ.

⓪ ある点 C と合わせて正三角形 ABC を作ると, その外接円

① 線分 AB が直径になるような円

② A, B を通り, 半径が線分 AB の長さと一致するような円

【ヒント】

前問で見たように, 内積が 0 になるとき,「2 つのベクトルが垂直である」とは言い切れず,「少なくとも一方が零ベクトルである」という可能性もあるのであった. 動点 P が動いて, どちらかのベクトルが零ベクトルになる可能性も考えながら解いていこう.

垂直または零ベクトルを図形的に説明してみよう.

この観点がなかった人は, 改めて考えてみよう!

【解答・解説】

(1)　$\overrightarrow{OA} \cdot \overrightarrow{BP} = 0$ から $\overrightarrow{OA} \perp \overrightarrow{BP}$ と言い切っている部分は, 誤りが含まれている. 定ベクトル $\overrightarrow{OA}$ は $\vec{0}$ でないが, $\overrightarrow{BP} = \vec{0}$ となることはある. つまり, P＝B のときである. $\overrightarrow{OA} \cdot \overrightarrow{BP} = 0$ は

$$\overrightarrow{OA} \perp \overrightarrow{BP} \ (\text{P} \neq \text{B}) \quad \text{または} \quad \text{P} = \text{B}$$

※　直線 $ax + by = ac + bd$ が $\overrightarrow{OA} \cdot \overrightarrow{BP} = 0$ と表せて,「点 B を通り, 直線 OA に垂直な直線である」ということは間違っていない.

$\overrightarrow{OA} \perp \overrightarrow{BP}$ を満たす P の軌跡は,「直線 $ax + by = ac + bd$ から点 B を除いたもの」となる.「垂直」では軌跡に除外点が発生するが,「内積が 0」と表記すると直線全体が軌跡になる. (2) も同様である.

(2)　$\overrightarrow{AP} \cdot \overrightarrow{BP} = 0$ は,

$$\overrightarrow{AP} \perp \overrightarrow{BP} \quad \text{または} \quad \text{P} = \text{A} \quad \text{または} \quad \text{P} = \text{B}$$

を表している. 1 つ目は, ∠APB＝90° を意味し, P は, 線分 AB が直径の円周上にある (ただし, P＝A, B のときは ∠APB が存在しない!).

3 つ合わせると,「線分 AB が直径の円」(⓪) の全体が P の軌跡であることが分かる.

165

問題 3-12

円 $C:(x-1)^2+(y-2)^2=4$ 上に点 $\mathrm{T}(s,\ t)$ があるとする. 直線
$$l:(s-1)(x-1)+(t-2)(y-2)=4$$
は, T における C の接線である. この直線 l が接線である理由を, ベクトルを用いて確認したい. そのために中心を $\mathrm{A}(1,\ 2)$ とおく.

(1) l が T を通ることを確認せよ.

(2) l 上に動点 $\mathrm{P}(x,\ y)$ をとることで, 半径 AT と l が直交すること, つまり, $\overrightarrow{\mathrm{AT}}\cdot\overrightarrow{\mathrm{TP}}=0$ であることを確認せよ.

【ヒント】

(1) は, l の方程式の左辺の $x,\ y$ に $s,\ t$ を代入して, 右辺の 4 と一致することを確認すれば良い.

(2) では, 傾きを利用して考えようとすると, $t=2$ であるかどうか, 場合分けする必要がある. それはメンドクサイので, 成分による内積の定義の形を思い出そう. $ax+by$ は, $\vec{a}=(a,\ b)$, $\vec{p}=(x,\ y)$ の内積 $\vec{a}\cdot\vec{p}$ と一致する.

この観点がなかった人は, 改めて考えてみよう!

【解答・解説】

(1) T は C 上の点であるから,
$$(s-1)^2+(t-2)^2=4$$
を満たす. l の方程式の左辺の $x,\ y$ に $s,\ t$ を代入すると,
$$(s-1)(s-1)+(t-2)(t-2)=(s-1)^2+(t-2)^2=4$$
となる. よって, T は l 上の点である. l は T を通ることが示された.

(2) $\overrightarrow{\mathrm{AT}}=(s-1,\ t-2)$, $\overrightarrow{\mathrm{AP}}=(x-1,\ y-2)$ において
$$\left|\overrightarrow{\mathrm{AT}}\right|^2=(s-1)^2+(t-2)^2=4,$$
$$\overrightarrow{\mathrm{AT}}\cdot\overrightarrow{\mathrm{AP}}=(s-1)(x-1)+(t-2)(y-2)$$
である. よって, l の方程式は

$$\overrightarrow{\mathrm{AT}}\cdot\overrightarrow{\mathrm{AP}}=\left|\overrightarrow{\mathrm{AT}}\right|^2 \qquad \therefore \quad \overrightarrow{\mathrm{AT}}\cdot\left(\overrightarrow{\mathrm{AP}}-\overrightarrow{\mathrm{AT}}\right)=0$$

$$\overrightarrow{\mathrm{AT}}\cdot\overrightarrow{\mathrm{TP}}=0$$

と書き換えられる. これで, 半径 AT と l が直交することが示された.

■

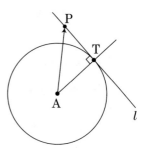

※　T における C の接線 l は,「$\overrightarrow{\mathrm{AP}}$ の $\overrightarrow{\mathrm{AT}}$ 方向への正射影ベクトルが $\overrightarrow{\mathrm{AT}}$ と一致する」ような点 P の軌跡である.「P から AT への垂線の足が T である」と言っても良い.

$\overrightarrow{\mathrm{AP}}$ と $\overrightarrow{\mathrm{AT}}$ のなす角を θ とすると

$$\mathrm{AP}\cos\theta=\mathrm{AT} \qquad \therefore \quad \overrightarrow{\mathrm{AT}}\cdot\overrightarrow{\mathrm{AP}}=\left|\overrightarrow{\mathrm{AT}}\right|^2$$

である. これがまさに, 接線 l の方程式である.

※　ここで正射影ベクトルを求める公式を紹介しておこう.

「$\vec{b}$ の $\vec{a}$ 方向への正射影ベクトル」を考える.

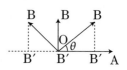

$\vec{a}=\overrightarrow{\mathrm{OA}}$, $\vec{b}=\overrightarrow{\mathrm{OB}}$ となる点 O, A, B をとり, B から OA に引いた垂線の足を B$'$ とする. $\vec{b}$ の $\vec{a}$ 方向への正射影ベクトルは $\overrightarrow{\mathrm{OB'}}=\dfrac{\vec{a}\cdot\vec{b}}{|\vec{a}|^2}\vec{a}$ である. 2 通りで示せる.

・$\vec{a}$, $\vec{b}$ のなす角を θ とし, $\vec{a}$ と同じ向きの単位ベクトル $\vec{e}=\dfrac{1}{|\vec{a}|}\vec{a}$ を用いて

$$\overrightarrow{\mathrm{OB'}}=(|\vec{b}|\cos\theta)\vec{e}=\dfrac{|\vec{b}|\cos\theta}{|\vec{a}|}\vec{a}=\dfrac{\vec{a}\cdot\vec{b}}{|\vec{a}|^2}\vec{a}$$

・$\overrightarrow{\mathrm{OB'}}=k\vec{a}$ とおける. $\vec{a}$ との内積を考えて, k の値は

$$k|\vec{a}|^2=\vec{a}\cdot\overrightarrow{\mathrm{OB'}}=\vec{a}\cdot\left(\vec{b}+\overrightarrow{\mathrm{BB'}}\right)=\vec{a}\cdot\vec{b} \qquad \therefore \quad k=\dfrac{\vec{a}\cdot\vec{b}}{|\vec{a}|^2}$$

問題 3-13

直線 $l : ax + by + c = 0$ と，l 上にない点 $P(p,\ q)$ がある．点 P から直線 l に引いた垂線の足を H とおく．直線 l 上に定点 $A(\alpha,\ \beta)$ をとる．

(1) 以下のうち，l と垂直なベクトル $\vec{n}$ として適するものを選べ．

     ⓪ $(a,\ b)$ ① $(b,\ a)$ ② $(a,\ -b)$ ③ $(b,\ -a)$

(2) $\overrightarrow{PH}$ は， □① の □② 方向への正射影ベクトルである．当てはまるものを以下から選べ．

     ⓪ $\overrightarrow{AP}$ ① $\overrightarrow{PA}$ ② $\overrightarrow{AH}$ ③ $\overrightarrow{HA}$ ④ $\vec{n}$

(3) 点と直線の距離の公式 $PH = \dfrac{|ap + bq + c|}{\sqrt{a^2 + b^2}}$ が成り立つ理由を説明せよ．

【ヒント】

(1) $a\alpha + b\beta + c = 0$ …… ①

が成り立つ．これと

       $ax + by + c = 0$ …… ②

と合わせて c を消去すると，直線 l 上の動点 $Q(x,\ y)$ が満たすベクトル方程式を作ることができる．そこから法線ベクトルが分かる．

(2) ここまでの問題でやってきたことを思い出し，図を使って考えよう．

(3) PH は正射影ベクトル $\overrightarrow{PH}$ の大きさである．前問の補足に挙げた公式を用いても良い．公式を導く際に用いた2つの考え方のどちらかを利用しても良い．可能なら，すべての方法にチャレンジしてみよう！
この観点がなかった人は，改めて考えてみよう！

【解答・解説】

(1) A は l 上の点だから，ヒントの式①が成り立つ．②との差を考えて

$$a(x - \alpha) + b(y - \beta) = 0$$
$$(a,\ b) \cdot (x - \alpha,\ y - \beta) = 0$$
$$\therefore\ (a,\ b) \cdot \overrightarrow{AQ} = 0$$

168

$\overrightarrow{\mathrm{AQ}}$ と (a, b) が垂直であるから，l は，A を通り，ベクトル (a, b) と垂直な直線である．l と垂直なベクトル $\overrightarrow{n}$（法線ベクトルという）になっているのは，⓪ (a, b) である．

(2) A を通り l と垂直（$\overrightarrow{n}=(a, b)$ と平行）な直線に，P から引いた垂線の足を P′ とおく．

$$\overrightarrow{\mathrm{PH}}=\overrightarrow{\mathrm{P'A}}$$

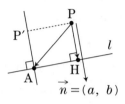

であり，$\overrightarrow{\mathrm{PH}}$ は，① $\overrightarrow{\mathrm{PA}}$ の ④ $\overrightarrow{n}$ 方向への正射影ベクトルである．

(3) $\overrightarrow{\mathrm{PA}}=(\alpha-p, \beta-q)$ である．正射影ベクトルの公式を用いると

$$\overrightarrow{\mathrm{PH}}=\frac{\left(\overrightarrow{n}\cdot\overrightarrow{\mathrm{PA}}\right)}{|\overrightarrow{n}|^2}\overrightarrow{n}$$

$$\left|\overrightarrow{\mathrm{PH}}\right|=\left|\frac{\left(\overrightarrow{n}\cdot\overrightarrow{\mathrm{PA}}\right)}{|\overrightarrow{n}|^2}\overrightarrow{n}\right|=\frac{\left|\overrightarrow{n}\cdot\overrightarrow{\mathrm{PA}}\right|}{|\overrightarrow{n}|^2}|\overrightarrow{n}|=\frac{|a(\alpha-p)+b(\beta-q)|}{|\overrightarrow{n}|}$$

$$=\frac{|ap+bq+c|}{\sqrt{a^2+b^2}}\ (a\alpha+b\beta+c=0\text{より})$$

である．これで点と直線の距離の公式が示された．

∎

※ 法線ベクトルへの正射影ベクトル $\overrightarrow{\mathrm{PH}}$ が分かれば，H の座標を求めることができるし，l に関する P の対称点を求めることもできる．

(3) では公式を用いたが，$\overrightarrow{\mathrm{PA}}$ と $\overrightarrow{n}$ のなす角をおく方法や，$\overrightarrow{\mathrm{PH}}=k\overrightarrow{n}$ とおく方法でも良い．前者の場合は，内積が負の値になることもあるから，絶対値が必要になる．後者の場合は，k が負の値のこともあるから，ベクトルの大きさを計算するときに絶対値が付くことになる．

問題 3-14

θ が $0 \leqq \theta \leqq \pi$ の範囲を動くとき, $3\sin\theta + 2\cos\theta$ のとりうる値の範囲を, 合成することなく求めよ.

【ヒント】

$\vec{a} = (2,\ 3)$, $\vec{p} = (\cos\theta,\ \sin\theta)$ とおくと, $3\sin\theta + 2\cos\theta = \vec{a}\cdot\vec{p}$ である. $\vec{a}$ は固定されていて, 変化するベクトル $\vec{p}$ は常に大きさが1である. $\vec{a}$ と $\vec{p}$ のなす角を変数として考えるか, $\vec{p}$ の $\vec{a}$ 方向への正射影を利用するか, どちらかであろう.

この観点がなかった人は, 改めて考えてみよう！

【解答・解説】

A(2, 3), P$(\cos\theta,\ \sin\theta)$ $(0 \leqq \theta \leqq \pi)$ とし, $\vec{a} = \overrightarrow{\text{OA}}$, $\vec{p} = \overrightarrow{\text{OP}}$ とする.

$$3\sin\theta + 2\cos\theta = \vec{a}\cdot\vec{p}$$

であり, $\vec{a}$ と $\vec{p}$ のなす角を α とすると,

$$\vec{a}\cdot\vec{p} = \left|\overrightarrow{\text{OA}}\right|\left|\overrightarrow{\text{OP}}\right|\cos\alpha = \sqrt{13}\cos\alpha$$

である. ここで, α に向きはなく, $0 \leqq \alpha \leqq \pi$ であり, この範囲で $\cos\alpha$ は単調減少する.

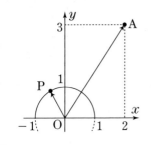

$\alpha = 0$ のとき $\vec{a}\cdot\vec{p}$ は最大である. このとき, 点 P は半直線 OA 上にあり, 最大値は $\text{OA} = \sqrt{13}$ である.

α が最大になるのは, 図で見ると点 P が $(-1,\ 0)$ のとき（$\theta = \pi$ のとき）である. このとき, $\vec{a}\cdot\vec{p}$ は最小値 $3\sin\pi + 2\cos\pi = -2$ をとる.

最大値と最小値の間をすべて動くから, 値の範囲は

$$-2 \leqq 3\sin\theta + 2\cos\theta \leqq \sqrt{13}$$

■

※　点 P を半円周上で動かして, 最大・最小になるときの P を探した. 内積の値を決める 3 要素（$|\vec{a}|$, $|\vec{p}|$, $\cos\alpha$）のうち 2 つ（$|\vec{a}|$, $|\vec{p}|$）が定数であるから, α に注目したのである.

次は，正射影ベクトルを利用して考えてみよう．

【別解】

$\vec{a} = (2,\ 3)$，$\vec{p} = (\cos\theta,\ \sin\theta)$ とおくと，
$$3\sin\theta + 2\cos\theta = \vec{a} \cdot \vec{p}$$
$\vec{a}$ は固定されているから，$\vec{p}$ の $\vec{a}$ 方向への正射影ベクトルを考える．

A$(2,\ 3)$，P$(\cos\theta,\ \sin\theta)$ $(0 \leqq \theta \leqq \pi)$ とおく．P から直線 OA に引いた垂線の足を P′ とおく．O，A，P′ は同一直線上にある．また，
$$\vec{a} \cdot \vec{p} = \overrightarrow{\mathrm{OA}} \cdot \overrightarrow{\mathrm{OP}'}$$

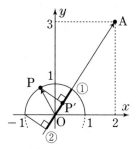

である．数直線 OA での P′ の座標（成分）がどういう範囲を動くか考える．P′ の存在範囲は図の太線部分である．つまり，「①半円と OA の交点」と「②P$(-1,\ 0)$ のときの P′」が両端の線分である．

$\overrightarrow{\mathrm{OA}} \cdot \overrightarrow{\mathrm{OP}'}$ が最大・最小になるのは順に①・②のときである．

最大値は
$$\mathrm{OA} \cdot 1 = \sqrt{13}$$
で，最小値は $\theta = \pi$ のときの
$$3\sin\pi + 2\cos\pi = -2$$
である．最大値と最小値の間をすべて動くから，値の範囲は
$$-2 \leqq 3\sin\theta + 2\cos\theta \leqq \sqrt{13}$$

■

正射影のメリットは，一直線上に点を集めて，座標（成分）で考えられることである．正射影ベクトルを求める公式が大事なのではなく，内積の図形的な意味をとらえ，視覚化することが大事なのである．

正射影ベクトルそのものを求めると便利なのは，垂線の足や対称点の座標を求めるときである．

[問題 3-15]

平面で直線 $l : 2x + 3y + 5 = 0$ と点 $A(1, -2)$ について考える.

(1) l と垂直なベクトルの 1 つとして $\vec{n} = (2, \boxed{①})$ をとる. また, l と平行なベクトルの 1 つに $\vec{d} = (\boxed{②}, 2)$ がある.

(2) 直線 l 上には点 $B(-1, \boxed{③})$ がある.

(3) 点 $C(-3, 0)$ は, 直線 l に関して, 点 A と同じ側にあるか, 反対側にあるか, 答えよ.

(4) 点 A から直線 l に引いた垂線の足を H とする. $\overrightarrow{AB}$ の $\vec{n}$ 方向への正射影ベクトルが $\boxed{④}$ であり, $\overrightarrow{BA}$ の $\vec{d}$ 方向への正射影ベクトルが $\boxed{⑤}$ である.

(5) 直線 l に関する点 A の対称点 D の座標を求めよ.

【ヒント】

$2x + 3y = (一定)$ という形の方程式は, 左辺が $(2, 3)$ と (x, y) の内積になっているから, 「(x, y) の $(2, 3)$ 方向への正射影ベクトルが一定」という意味である. だから, $(2, 3)$ は直線 l と垂直なベクトルになっている.

また, 平面内の任意の点について, $2x + 3y$ の値を調べたら, その点が「l と平行などんな直線上にあるか?」が分かる.

正射影ベクトルについてはこれまでの問題で考えてきたことを思い出そう. 対称点は垂線の足 H を利用して考えよう.

この観点がなかった人は, 改めて考えてみよう!

【解答・解説】

(1) $l : 2x + 3y + 5 = 0$ であるから, $\vec{n} = (2, 3)$ は l と垂直なベクトルの 1 つである. $\vec{n}$ と垂直で y 成分が 2 になるのは $\vec{d} = (-3, 2)$ である.

(2) $(-1, y)$ が l 上にある条件は

$$-2 + 3y + 5 = 0 \qquad \therefore \quad y = -1$$

である. l 上にあるのは $B(-1, -1)$ である.

(3) 平面は, l によって, 2つの領域

$$2x+3y+5>0$$

$$2x+3y+5<0$$

に分けられる. $2x+3y+5$ の値は, A(1, -2), C(-3, 0) の順に

$$2-6+5=1>0$$

$$-6+0+5=-1<0$$

であるから, C は, 直線 l に関して A と反対側にある.

(4) 右の図を参照せよ. $\overrightarrow{AB}$ の $\vec{n}$ 方向への

正射影ベクトルが $\overrightarrow{AH}$ であり, $\overrightarrow{BA}$ の $\vec{d}$

方向への正射影ベクトルが $\overrightarrow{BH}$ である.

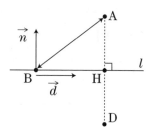

※ $\overrightarrow{AH}$ または $\overrightarrow{BH}$ のどちらかが分かれば,

H の座標を求めることができる.

$$\overrightarrow{OH}=\overrightarrow{OA}+\overrightarrow{AH}, \ \overrightarrow{OH}=\overrightarrow{OB}+\overrightarrow{BH}$$

(5) 公式を利用して, $\overrightarrow{AB}$ の $\vec{n}$ 方向への正射影ベクトル $\overrightarrow{AH}$ を考える.

$$\overrightarrow{AB}=(-2, 1)$$

$$\overrightarrow{AH}=\frac{\vec{n}\cdot\overrightarrow{AB}}{|\vec{n}|^2}\vec{n}=\frac{-4+3}{4+9}(2, 3)=-\frac{1}{13}(2, 3)$$

$$\therefore \ \overrightarrow{OD}=\overrightarrow{OA}+2\overrightarrow{AH}=(1, -2)-\frac{2}{13}(2, 3)=\left(\frac{9}{13}, -\frac{32}{13}\right)$$

$$D\left(\frac{9}{13}, -\frac{32}{13}\right)$$

■

※ (5)は, H の座標を求めて, 線分 AH を 2 : 1 に外分する点として D を
求めても良い.

空間内に四面体 OABC があり，点 P は $\overrightarrow{OP}=\dfrac{1}{2}\overrightarrow{OA}+\dfrac{1}{3}\overrightarrow{OB}+\dfrac{1}{4}\overrightarrow{OC}$ と表されている．平面 ABC と平行で点 P を通る平面を π とし，平面 π と直線 OA の交点を Q とする．また，直線 OP と平面 ABC の交点を R とする．

このとき，$\overrightarrow{OQ}$, $\overrightarrow{OR}$ を $\overrightarrow{OA}$, $\overrightarrow{OB}$, $\overrightarrow{OC}$ を用いて表せ．

【ヒント】

平面ベクトルのときと同じく，「係数の和が1」の点が，3つの終点を結んで得られる平面上にある．通分して，係数を調整してみよう．

この観点がなかった人は，改めて考えてみよう！

【解答・解説】

$$\overrightarrow{OP}=\frac{6\overrightarrow{OA}+4\overrightarrow{OB}+3\overrightarrow{OC}}{12}=\frac{13}{12}\cdot\frac{6\overrightarrow{OA}+4\overrightarrow{OB}+3\overrightarrow{OC}}{13}$$

$$\overrightarrow{OR}=\frac{6\overrightarrow{OA}+4\overrightarrow{OB}+3\overrightarrow{OC}}{13},\ \overrightarrow{OP}=\frac{13}{12}\overrightarrow{OR}$$

P は，O を始点とする位置ベクトルが

$$\frac{13}{12}\overrightarrow{OA},\ \frac{13}{12}\overrightarrow{OB},\ \frac{13}{12}\overrightarrow{OC}$$

となる3点を通る平面（平面 π と平行）上にある．$\overrightarrow{OQ}=\dfrac{13}{12}\overrightarrow{OA}$ である．■

※ 　　　$\overrightarrow{AR}=\overrightarrow{AO}+\overrightarrow{OR}$

$$=\frac{4\overrightarrow{AB}+3\overrightarrow{AC}}{13}$$

$$=\frac{7}{13}\cdot\frac{4\overrightarrow{AB}+3\overrightarrow{AC}}{7}$$

であるから，P は図のような位置にある．

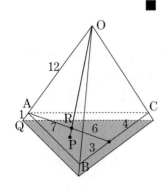

以下の文を読み，その後の問いに答えよ.

空間内で2つのベクトル $\vec{a}=(1,\ 2,\ 0)$, $\vec{b}=(3,\ 4,\ -1)$ の両方と垂直なベクトルを1つ求めたい. $\vec{a}$ の z 成分が0である. a を実数として, $\vec{n}=(2,\ -1,\ a)$ とおくと, $\vec{a}\cdot\vec{n}=0$ である. いま

$$\vec{b}\cdot\vec{n}=6-4-a=2-a$$

であるから, $a=2$ のとき, $\vec{b}\cdot\vec{n}=0$ である. よって, 両方と垂直なベクトルの1つとして, $\vec{n}=(2,\ -1,\ 2)$ がある. 実数 s, t について, $\vec{n}$ は $s\vec{a}+t\vec{b}$ とも垂直であることが, 次のようにして分かる.

$$(s\vec{a}+t\vec{b})\cdot\vec{n}=s(\vec{a}\cdot\vec{n})+t(\vec{b}\cdot\vec{n})=0$$

2つのベクトル $\vec{c}=(-1,\ 9,\ 6)$, $\vec{d}=(1,\ -3,\ -3)$ の両方と垂直になるベクトル $\vec{m}$ を1つ求めたい. $\vec{c}+u\vec{d}$ の x 成分が0になるような実数 u を求めよ. また, これを利用して, ベクトル $\vec{m}$ を1つ求めよ.

【ヒント】

□で囲まれた部分のことを踏まえて考えると, 「$\vec{c}+u\vec{d}$ の x 成分が0になる」ことを利用したい. $\vec{m}$ の置き方をよく考えよう.

この観点がなかった人は, 改めて考えてみよう！

【解答・解説】

$u=1$ である. $\vec{e}=\vec{c}+\vec{d}$ とおく.

$$\vec{e}=(-1,\ 9,\ 6)+(1,\ -3,\ -3)=(0,\ 6,\ 3)$$

$\vec{e}$ と $\vec{d}$ の両方と垂直なベクトル $\vec{m}$ を考えれば良い. $\vec{e}$ と垂直であるから $\vec{m}=(b,\ 1,\ -2)$ とおいて, $\vec{d}$ とも垂直だから

$$b-3+6=0 \quad \therefore \quad b=-3$$

である. よって, 求めるベクトルの1つとして, $\vec{m}=(-3,\ 1,\ -2)$ がある. ∎

　空間内に3点 A(1, 1, 0)，B(3, 2, 1)，C(1, 3, 5) がある．この3点を通る平面 ABC 上を動く動点 P(x, y, z) は，実数 s, t を用いて

$$\overrightarrow{OP} = \overrightarrow{OA} + s\overrightarrow{AB} + t\overrightarrow{AC} \quad \cdots\cdots \quad \textcircled{1}$$

と表すことができる．$\overrightarrow{AB} = (2, 1, 1)$，$\overrightarrow{AC} = (0, 2, 5)$ であるから，

$$\begin{cases} x = 1 + 2s \\ y = 1 + s + 2t \\ z = s + 5t \end{cases} \quad \therefore \quad \begin{array}{l} s = \dfrac{x-1}{2}, \ t = \dfrac{2y-x-1}{4} \\[2mm] z = \dfrac{x-1}{2} + 5 \cdot \dfrac{2y-x-1}{4} \end{array}$$

であり，整理すると

$$3x - 10y + 4z + 7 = 0 \quad \cdots\cdots \quad \textcircled{2}$$

である．A，B，C が②を満たすことは確認できる．これを踏まえて，次の問いに答えよ．

(1)　平面 ABC と垂直なベクトル，つまり，$\overrightarrow{AB}$, $\overrightarrow{AC}$ の両方と垂直なベクトル $\vec{n}$ を1つ求めよ．

(2)　$\vec{n}$ は $s\overrightarrow{AB} + t\overrightarrow{AC}$ と垂直である．①と同じ意味を表す式として適するものを次から選べ．

　　　⓪ $\vec{n} \cdot \overrightarrow{OP} = 0$　　① $\vec{n} \cdot \overrightarrow{AP} = 0$　　② $\vec{n} = k\overrightarrow{OA}$ （k は実数）

(3)　(2)で選んだ式が②と同じであることを確認せよ．

【ヒント】

　(1)は前問を参考にせよ．(2)では $s\overrightarrow{AB} + t\overrightarrow{AC}$ を書き換えよう．また，(3)では(1)の $\vec{n}$ と②の係数の関係をよく確認しよう．

　この観点がなかった人は，改めて考えてみよう！

【解答・解説】

(1)　$\overrightarrow{AC}$ と垂直なベクトルとして，(a, -5, 2) を考える（a は実数）．

これが $\overrightarrow{\mathrm{AB}}$ とも垂直である条件は,

$$2a - 5 + 2 = 0 \qquad \therefore \quad a = \frac{3}{2}$$

である. よって, 求めるベクトルの1つとして $\vec{n} = (3, -10, 4)$ がある.

(2) ①より,

$$s\overrightarrow{\mathrm{AB}} + t\overrightarrow{\mathrm{AC}} = \overrightarrow{\mathrm{OP}} - \overrightarrow{\mathrm{OA}} = \overrightarrow{\mathrm{AP}}$$

である. $s\overrightarrow{\mathrm{AB}} + t\overrightarrow{\mathrm{AC}}$ は s, t が実数全体を動くと, $\vec{n}$ との内積が 0 になるベクトル全体を動く. よって, ①は

$$\vec{n} \cdot \left(s\overrightarrow{\mathrm{AB}} + t\overrightarrow{\mathrm{AC}} \right) = 0 \qquad \therefore \quad \vec{n} \cdot \overrightarrow{\mathrm{AP}} = 0 \quad (①')$$

と同じである.

(3) ①' を変形して②を作る.

$$\vec{n} = (3, -10, 4), \quad \overrightarrow{\mathrm{AP}} = (x-1, y-1, z)$$
$$\vec{n} \cdot \overrightarrow{\mathrm{AP}} = 3(x-1) - 10(y-1) + 4z = 3x - 10y + 4z + 7$$

より, ①' は

$$3x - 10y + 4z + 7 = 0 \quad \cdots\cdots \quad ②$$

と同じである. ∎

※ 平面は $ax + by + cz + d = 0$ という方程式で表される.

この方程式から, ベクトル $\vec{n} = (a, b, c)$ がこの平面と垂直である (法線ベクトル) と分かる. $\mathrm{P}(x, y, z)$ とすると,

$$ax + by + cz = \vec{n} \cdot \overrightarrow{\mathrm{OP}}$$

であるから, 平面上に点 P がある条件は

$$\vec{n} \cdot \overrightarrow{\mathrm{OP}} = -d \ (一定)$$

である. $\vec{n}$ 方向の正射影が一定の点を集めて得られる図形がこの平面である. 式としては, ①の両辺と $\vec{n}$ との内積を考えた次の式と同じである.

$$\vec{n} \cdot \overrightarrow{\mathrm{OP}} = \vec{n} \cdot \overrightarrow{\mathrm{OA}} = (一定)$$

問題 3-19

空間内に平面 $\pi : 2x + 3y + 4z + 5 = 0$ がある.

π 上には点 A(-3, -1, ⬜①) がある. また, π の法線ベクトルの 1 つとして $\vec{n} = (2,$ ⬜②, ⬜③) がある.

π 上の任意の点 P について, $\vec{n} \cdot \overrightarrow{OP} =$ ⬜④ が成り立つ. これにより, $\overrightarrow{OP}$ の $\vec{n}$ 方向への正射影ベクトルは, $\vec{n}$ の ⬜⑤ 倍である.

π 上にない点 B(1, 2, 3) をとる. B から平面 π に引いた垂線の足を H とする. すると, $\overrightarrow{BH}$ は, $\overrightarrow{BA}$ の $\vec{n}$ 方向への正射影ベクトルであるから, H(⬜⑥, ⬜⑦, ⬜⑧) である. また, 点 B と平面 π の距離は ⬜⑨ である.

【ヒント】

空間になっても正射影ベクトルの考え方は変わらない. なす角をおき, 単位ベクトルを利用して, 公式を構成しよう. 正射影ベクトルを利用して, 垂線の足や距離が求まるのも, 平面のときと同様である.

この観点がなかった人は, 改めて考えてみよう!

【解答・解説】

$$-6 - 3 + 4z + 5 = 0 \qquad \therefore \quad z = 1$$

であるから, A(-3, -1, 1) である.

π 上の任意の点 P(x, y, z) で $\vec{n} \cdot \overrightarrow{AP} = 0$ が成り立つから, 法線ベクトルの 1 つとして $\vec{n} = (2, 3, 4)$ がある.

これにより, π の方程式を変形して $\vec{n} \cdot \overrightarrow{OP} = -5$ となる. $\overrightarrow{OP}$ と $\vec{n}$ のなす角を θ とすると, 正射影ベクトルは, 平面と同じ公式で得られる.

$$(\mathrm{OP}\cos\theta) \cdot \frac{1}{|\vec{n}|}\vec{n} = \frac{\vec{n} \cdot \overrightarrow{OP}}{|\vec{n}|^2}\vec{n} = \frac{-5}{4+9+16}\vec{n} = -\frac{5}{29}\vec{n}$$

また，$\overrightarrow{\mathrm{BA}}=(-4,\ -3,\ -2)$ と $\vec{n}$ のなす角を φ とすることで，

$$\overrightarrow{\mathrm{BH}}=(\mathrm{BA}\cos\varphi)\cdot\frac{1}{|\vec{n}|}\vec{n}=\frac{\vec{n}\cdot\overrightarrow{\mathrm{BA}}}{|\vec{n}|^2}\vec{n}=-\frac{25}{29}\vec{n}$$

$$\overrightarrow{\mathrm{OH}}=(1,\ 2,\ 3)-\frac{25}{29}(2,\ 3,\ 4)=\left(-\frac{21}{29},\ -\frac{17}{29},\ -\frac{13}{29}\right)$$

$$\mathrm{H}\left(-\frac{21}{29},\ -\frac{17}{29},\ -\frac{13}{29}\right)$$

である．点 B と平面 π の距離は

$$\left|\overrightarrow{\mathrm{BH}}\right|=\frac{25}{29}|\vec{n}|=\frac{25}{\sqrt{29}}$$

■

※　平面 $ax+by+cz+d=0$ は，$\vec{n}\cdot\overrightarrow{\mathrm{OP}}=-d$ となる点 P の軌跡である．ここで，$\vec{n}=(a,\ b,\ c)$ は法線ベクトルである．

　平面は，$\vec{n}$ 方向への $\overrightarrow{\mathrm{OP}}$ の正射影ベクトルが等しくなる点の軌跡である．「"$\vec{n}$ と平行で原点を通る直線 l" に引いた垂線の足」が，平面と l の交点 C と等しくなる点 P の軌跡とも言える．

　内積の正負により，$\vec{n}$ が図のどちらの向きであるかが分かる．

　右図で BH が，B と平面の距離である．

　B$(p,\ q,\ r)$ とする．正射影ベクトルの公式を使わずに考える．$\overrightarrow{\mathrm{BH}}=k\vec{n}$ とおけて，

$$\vec{n}\cdot\overrightarrow{\mathrm{BH}}=k|\vec{n}|^2$$

である．平面上の点 A に対し，$\vec{n}\cdot\overrightarrow{\mathrm{AH}}=0$，$\vec{n}\cdot\overrightarrow{\mathrm{OA}}=-d$ から，

$$\vec{n}\cdot\overrightarrow{\mathrm{BH}}=\vec{n}\cdot\overrightarrow{\mathrm{BA}}=\vec{n}\cdot\overrightarrow{\mathrm{OA}}-\vec{n}\cdot\overrightarrow{\mathrm{OB}}=-(ap+bq+cr+d)$$

である．よって，

$$\mathrm{BH}=|k||\vec{n}|=\frac{|ap+bq+cr+d|}{\sqrt{a^2+b^2+c^2}}$$

である．これが，点と平面の距離の公式である．

　空間内に平面 $\pi : x - 2y + 4z + 7 = 0$ がある.

(1)　π と平行で原点を通る平面の方程式を求めよ.

(2)　3点 A(3, 4, 5), B(1, 4, 0), C(−1, 2, −3) が

　　　⓪　π 上にある　①　π について原点と同じ側にある

　　　②　π について原点と反対側にある

　のいずれであるかをそれぞれ答えよ.

【ヒント】

　$x - 2y + 4z = (定数)$ が π と平行な平面の方程式である. 原点を通るときの定数はどうなるだろう? この定数は, 「$(1, -2, 4)$ と平行で, 原点 O を通る直線 l」との交点と対応する.

　この観点がなかった人は, 改めて考えてみよう!

【解答・解説】

　π と平行な平面は, $x - 2y + 4z = k$ と表せる. π は

　　　$x - 2y + 4z = -7$

(1)　π と平行で, O を通る平面は,

　　　$x - 2y + 4z = 0$

(2)　π と平行で, A, B, C を通る

　　平面は, 順に,

　　　$x - 2y + 4z = 15$

　　　$x - 2y + 4z = -7$

　　　$x - 2y + 4z = -17$

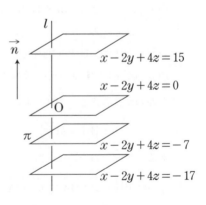

　　よって, A は, π について原点

　　と反対側 (②), B は, π 上 (⓪),

　　C は, π について原点と同じ側 (①) にある.

■

※　$x - 2y + 4z = k$ の k が大きくなる方向が, $\vec{n}$ の方向である. 問題 3-15
　　も参考にせよ.

空間内で2平面 $P : x+2y-3z+1=0$ と $Q : 2x-y+7=0$ を考える.

(1) P, Q の法線ベクトル $(1, 2, -3)$, $(2, -1, 0)$ の両方と垂直なベクトル $\vec{n}$ を1つ求めよ.

(2) P, Q の交わりである直線 l について考える. l の方程式は

$$x+2y-3z+1=0 \quad かつ \quad 2x-y+7=0$$

である. これを変形して

$$\frac{x}{3} = \frac{y-7}{6} = \frac{z-5}{5}$$

とできることを示せ.

(3) (2)の式の値を t をおくことで, 直線 l と平行なベクトル $\vec{d}$ を1つ求めよ. また, (1)の $\vec{n}$ との関係について論ぜよ.

【ヒント】

$\vec{n}$ と $\vec{d}$ の関係は, 平面を「法線ベクトル方向への正射影が一定」と見ることで, 意味が分かる.

この観点がなかった人は, 改めて考えてみよう!

【解答・解説】

(1) $(1, 2, a)$ は $(2, -1, 0)$ と垂直で, $(1, 2, -3)$ とも垂直になるとき, $3a=5$ である. よって, $\vec{n}=(3, 6, 5)$ は求めるベクトルの1つである.

(2) Q の方程式から, $y=2x+7$ である. これを P の式に代入して

$$5x+15-3z=0 \qquad \therefore \quad \frac{x}{3} = \frac{z-5}{5}$$

また, $y=2x+7$ は $\dfrac{x}{3} = \dfrac{y-7}{6}$ と変形できるから,

$$x+2y-3z+1=0 \quad かつ \quad 2x-y+7=0$$

を変形すると

$$\frac{x}{3} = \frac{y-7}{6} = \frac{z-5}{5}$$

(3)
$$\frac{x}{3} = \frac{y-7}{6} = \frac{z-5}{5} = t$$

とおくと，
$$x = 3t, \ y = 6t + 7, \ z = 5t + 5$$

よって，l は，$(0, \ 7, \ 5)$ を通り，$\vec{d} = (3, \ 6, \ 5)$ と平行な直線であることが分かる．

いまとっている $\vec{d}$，$\vec{n}$ について，$\vec{d} = \vec{n}$ である．この理由を考えてみよう．

まず，A$(0, \ 7, \ 5)$ は，平面 P 上にも，平面 Q 上にもある．平面 P, Q の交わりにある点 P が満たす条件は
$$(1, \ 2, \ -3) \cdot \overrightarrow{\mathrm{AP}} = 0 \ \text{かつ} \ (2, \ -1, \ 0) \cdot \overrightarrow{\mathrm{AP}} = 0$$

である．言い換えると，法線ベクトル $(1, \ 2, \ -3)$，$(2, \ -1, \ 0)$ の両方と垂直なベクトル $\vec{n}$ を用いて
$$\overrightarrow{\mathrm{AP}} = t\vec{n} \quad (t \text{ は実数})$$

と表せる．よって，$\vec{n}$ は l と平行なベクトルである．

■

※　l の方程式は
$$x + 2y - 3z + 1 = 0 \quad \text{かつ} \quad 2x - y + 7 = 0$$

であった．$(1, \ 2, \ -3)$，$(2, \ -1, \ 0)$ の両方と垂直なベクトル $\vec{n}$ を用いて，l 上の点は
$$\overrightarrow{\mathrm{AP}} = t\vec{n} \quad (t \text{ は実数})$$

と表せる．これを成分で書くと，
$$x = 3t, \ y = 6t + 7, \ z = 5t + 5$$
$$\therefore \quad \frac{x}{3} = \frac{y-7}{6} = \frac{z-5}{5} = t$$

となり，l の方程式として
$$\frac{x}{3} = \frac{y-7}{6} = \frac{z-5}{5} \quad \cdots\cdots \ ①$$

が得られたことになる．

※　次に，まず①が与えられたことにしよう．

　　分母の数値を並べたベクトル $\vec{d}=(3,\ 6,\ 5)$ が l の方向ベクトルであり，分子を並べたベクトル $(x,\ y-7,\ z-5)$ が $\overrightarrow{AP}$ である．これにより，l が点 A(0, 7, 5) を通ることが分かる．

　　さらに，①の式の見方として

$$\frac{x}{3}=\frac{y-7}{6} \quad かつ \quad \frac{y-7}{6}=\frac{z-5}{5}$$

というものもある．これは，l が 2 平面

$$\frac{x}{3}=\frac{y-7}{6}, \quad \frac{y-7}{6}=\frac{z-5}{5}$$

の交わりである，という意味である．

※　方向ベクトルの成分を分母にとることで，空間内の直線を表す方程式を作ることができた．ここで気になるのは，方向ベクトルの成分に 0 が含まれている場合である．

　　A(1, 2, 3) を通り，$\vec{d}=(2,\ 3,\ 0)$ に平行な直線 l の方程式を作りたい．

$$\frac{x-1}{2}=\frac{y-2}{3}=\frac{z-3}{0}$$

としてはならない．分母が 0 は許されないからである．

　　そこで，ベクトル方程式から再構築してみよう．実数 t を用いて

$$x=1+2t,\ y=2+3t,\ z=3$$

と表すのであった．ここから t を消去して，平面の方程式を連立している形を作るのであるが，「$z=3$」は平面を表していることに注意すると

$$\frac{x-1}{2}=\frac{y-2}{3}, \quad z=3$$

と 2 式を連立した形で l は表示される．

　　これを踏まえると，A(1, 2, 3) を通り，$\vec{d}=(1,\ 0,\ 0)$ に平行な直線の方程式がどうなるか分かるのではないだろうか．

$$y=2,\ z=3$$

である．つまり，直線に含まれる点は次のようなものである．

$$(1,\ 2,\ 3),\ (2,\ 2,\ 3),\ (3,\ 2,\ 3),\ (4,\ 2,\ 3),\ \cdots\cdots$$

4 数学BC−④：平面上の曲線と複素数平面

　本章は前後半に分ける．各13問だが，いずれもかなり高度な内容が多いので，意味を理解することを目指し，ヒントや解答を参照しながら進めてもらっても良い．

　数学 BC −④のうち「平面上の曲線」で扱う概念は以下の通りである．
□ 2 次曲線
　　・放物線　・楕円　・双曲線　・2 次曲線の平行移動
　　・2 次曲線と直線　・2 次曲線の性質
□媒介変数表示と極座標
　　・曲線の媒介変数表示　・極座標と極方程式
　　・コンピュータといろいろな曲線

　2 次曲線や極方程式には数学的に興味深い性質が色々とあるが，本書では紹介しない．数学Ⅲの極限，微分，積分も利用して，性質をしっかりと捉え，イメージを掴むことが目的である．一般的な表記の2 次曲線，一般的な接線，空間図形との関係，極方程式の詳細などを扱っていく．

【平面上の曲線】

[問題 4-1]

xy 平面上の図形には 2 次曲線と呼ばれるものがある. 大きく楕円, 双曲線, 放物線に分類できる. 代表的な方程式は, 順に

$$\frac{x^2}{a^2}+\frac{y^2}{b^2}=1,\ \frac{x^2}{a^2}-\frac{y^2}{b^2}=1,\ y^2=4px$$

である. 方程式は x, y の 2 次以下の式で表される. $xy=1$ も 2 次曲線で, $y=\dfrac{1}{x}$ と見ると双曲線であることが分かる. しかし, 2 次以下の式で表される図形は, 上記 3 種の 2 次曲線以外にも色々なものがある. 次の各方程式が表す図形として適するものを下の ⑩ ～ ⑨ から選べ.

(1) $x^2+y^2=0$　　　　　　　(2) $x^2+y^2+1=0$

(3) $xy=0$　　　　　　　　　(4) $x^2=1$

(5) $x^2-2xy+y^2=0$　　　　(6) $2x^2-xy-y^2=0$

(7) $x^2-2xy+y^2=1$

[選択肢]

⑩ 図形が存在しない　　　　　　① 1 点

② 2 点　　　③ 直線　　　　④ 交わる 2 直線

⑤ 平行な 2 直線　　　　　　　⑥ 円

⑦ 楕円　　　⑧ 双曲線　　　⑨ 放物線

問題 4-2

xyz 空間内で，方程式 $x^2+y^2=z^2$ は何を表すだろう？ $z=t$ を代入すると，

$$x^2+y^2=t^2\,(z=t)$$

となり，平面 $z=t$ における半径が $|t|$ の円で，中心は z 軸上にある．$x^2+y^2=z^2$ は図のような円錐 C を表す（軸と母線の

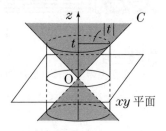

なす角が $45°$）．ここで，空間内で $x^2+y^2=1$ は，円ではない．z に関して制限がないから，例えば，

$$(1,\ 0,\ 0),\ (1,\ 0,\ 1),\ (1,\ 0,\ 5),\ (1,\ 0,\ -10)$$

などを含み，図形としては円柱である．$x^2+y^2=1\,(z=1)$ なら，円である．

(1) 平面 $x=1$ による C の切り口は，双曲線である．その双曲線の焦点の座標を求めよ．

(2) 平面 $z=x+1$ による C の切り口は，$x^2+y^2=(x+1)^2$ かつ $z=x+1$ により，放物線 $y^2=2x+1\,(z=x+1)$ である．これが xy 平面の放物線 $y=ax^2$ と合同になる正の実数 a を求めよ．

問題 4-3

xy 平面で 2 次曲線 $C : x^2 - 2xy + 3y^2 - 6x + 1 = 0$ について考える.

(1) C と,直線 $x = 1$ および $x = 0$ との交点の座標をそれぞれ求めよ.

(2) C と直線 $y = k$ が共有点をもつような実数 k の値の範囲を求めよ.また,C と $y = k$ が接するときの k のうち最大のものを k_1 とおく.C と $y = k_1$ の接点の座標を求めよ.

(3) C の方程式の両辺を x で微分すると,

$$2x - 2\left(y + x \cdot \frac{dy}{dx}\right) + 6y \cdot \frac{dy}{dx} - 6 = 0$$

$$\therefore \quad (x - 3y) \cdot \frac{dy}{dx} = x - y - 3$$

が得られる.C と直線 $x - 3y = 0$ との共有点において,C の接線はどのような直線になるか答えよ(接線の方程式を求める必要はない).

(4) C を表す図として適当なものを次の ⓪ ~ ③ から選べ.

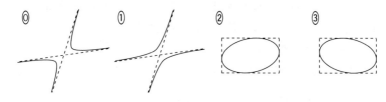

問題 4-4

xy 平面において $x^2 - 2xy + y^2 - x + 1 = 0$ が表す 2 次曲線 C について考える．これは $(x-y)^2 = x-1$ と変形でき，

$$y = x \pm \sqrt{x-1} \,(x \geqq 1)$$

と表すことができる．$y = \pm\sqrt{x-1}\,(x \geqq 1)$ に x を加えた形である．

$y = \pm\sqrt{x-1}\,(x \geqq 1)$ は $y^2 = x-1$ であり，放物線を表す．このことから，C も放物線であることが分かる（本問ではこれを認めて議論する）．

(1) C と直線 $y = x$ は 1 点のみを共有し，しかも接点ではない．その共有点の座標を求めよ．また，直線 $y = x$ がどのような直線であるか，最も適当なものを次の ⓪ ～ ③ から選べ．

    ⓪ C の軸と平行   ① C の軸と垂直

    ② C の軸と平行でも垂直でもない

(2) C の頂点における接線の傾き m を答えよ．また，直線 $y = mx + k$ が C と共有点をもつような実数 k の値の範囲を求めよ．

(3) C の頂点の座標を求めよ．

(4) C の方程式の両辺を x で微分すると，

$$2x - 2\left(y + x \cdot \frac{dy}{dx}\right) + 2y \cdot \frac{dy}{dx} - 1 = 0$$

$$\therefore \quad 2(x-y) \cdot \frac{dy}{dx} = 2x - 2y - 1$$

が得られる．これを利用して，C の頂点における接線の傾きが (3) で求

めた m であることを確認せよ．

問題 4-5

2 定点からの距離の和が一定である動点 P について，P の軌跡が楕円である．この定義から楕円の方程式を式変形だけで導くとき，"2 乗"することになるから "逆証" しなければならない．その様子を確認しよう．

A(-3, 0)，B(3, 0) とし，動点 P(x, y) が AP + BP = 10 を満たして動くときの P の軌跡を考えたい．AP + BP = 10 を同値変形していこう．

$$\text{AP} + \text{BP} = 10 \iff \sqrt{(x+3)^2 + y^2} + \sqrt{(x-3)^2 + y^2} = 10$$

$$\iff \sqrt{x^2 + y^2 + 9 + 6x} = 10 - \sqrt{x^2 + y^2 + 9 - 6x}$$

$$\iff x^2 + y^2 + 9 + 6x = x^2 + y^2 + 109 - 6x - 20\sqrt{x^2 + y^2 + 9 - 6x}$$
$$\text{かつ}\ \boxed{①}$$

$$\iff 5\sqrt{x^2 + y^2 + 9 - 6x} = 25 - 3x\ \text{かつ}\ \boxed{①}$$

$$\iff 25(x^2 + y^2 + 9 - 6x) = 9x^2 - 150x + 25^2$$
$$\text{かつ}\ \boxed{①}\ \text{かつ}\ \boxed{②}$$

$$\iff 16x^2 + 25y^2 = 25 \cdot 16\ \text{かつ}\ \boxed{①}\ \text{かつ}\ \boxed{②}$$

$$\iff \frac{x^2}{25} + \frac{y^2}{16} = 1\ \text{かつ}\ \boxed{①}\ \text{かつ}\ \boxed{②}$$

(1) ①，②に入る x, y の条件を答えよ．

(2) $\dfrac{x^2}{25} + \dfrac{y^2}{16} = 1$ を図示し，$\dfrac{x^2}{25} + \dfrac{y^2}{16} = 1$ を満たす (x, y) が①と②を満たすことを確認せよ（これで，P(x, y) について

$$\text{AP} + \text{BP} = 10 \iff \frac{x^2}{25} + \frac{y^2}{16} = 1$$

が分かり，楕円の方程式が確定する）．

問題 4-6

$0 < b < a$ とする．楕円は「2 焦点からの距離の和が一定」の点 P の軌跡であり，$\dfrac{x^2}{a^2} + \dfrac{y^2}{b^2} = 1$ は楕円の方程式である．この焦点が x 軸上にあること，x 軸，y 軸について対称であることを認めた上で議論する．

正の数 c を用いて，2 焦点を $F_1(c, 0)$，$F_2(-c, 0)$ とおくことができる．楕円上のすべての点 P で $F_1P + F_2P$ の値は一定である．

(1) ある点 P での $F_1P + F_2P$ の値を考えることで，一定値を求めよ．

(2) ある点 P での $F_1P + F_2P$ の値を考えることで，c を a，b の式で表せ．

(3) 楕円 $\dfrac{x^2}{a^2} + \dfrac{y^2}{b^2} = 1$ 上の点 P は $(a\cos\theta,\ b\sin\theta)$ と表すことができる．$F_1P + F_2P$ の値が θ によらず一定であることを確認せよ．

問題 4-7

双曲線 $x^2 - y^2 = 1$ の $x > 0$，$y > 0$ の部分にある点は，$0 < \theta < \dfrac{\pi}{2}$ を満たす θ を用いて $\left(\dfrac{1}{\cos\theta},\ \tan\theta \right)$ と表すことができる．$1 + \tan^2\theta = \dfrac{1}{\cos^2\theta}$ が成り立つからである．

また，単位円 $x^2 + y^2 = 1$ の $x > 0$，$y > 0$ の部分にある点は，$0 < \theta < \dfrac{\pi}{2}$ を満たす θ を用いて $(\cos\theta,\ \sin\theta)$ と表すことができる．

下図には $x^2 - y^2 = 1$ と $x^2 + y^2 = 1$ の $x > 0$，$y > 0$ の部分と，ある θ のときの $P(\cos\theta,\ \sin\theta)$ が書かれている．この図に $Q\left(\dfrac{1}{\cos\theta},\ \tan\theta \right)$ を書き入れ，その描き方を説明せよ．

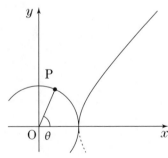

問題 4-8

a, b を正の実数とする. 双曲線 $H : \dfrac{x^2}{a^2} - \dfrac{y^2}{b^2} = 1$ には焦点 F_1, F_2 があって, H は「2焦点からの距離の差が一定」の点 P の軌跡である. つまり, H 上のすべての点 P で $|\mathrm{F}_1\mathrm{P} - \mathrm{F}_2\mathrm{P}|$ の値は一定である.(1), (2), (3)では, これと, 正数 f を用いて $\mathrm{F}_1(f,\ 0)$, $\mathrm{F}_2(-f,\ 0)$ とおけることを認めた上で議論せよ.

(1) ある点 P での $|\mathrm{F}_1\mathrm{P} - \mathrm{F}_2\mathrm{P}|$ の値を考えることで, 一定値を求めよ.

(2) H 上の第1象限の点 P は正数 p, q を用いて $(p,\ q)$ と表すことができる. このとき, $\displaystyle\lim_{p\to\infty}\dfrac{q}{p} = \dfrac{b}{a}$ であるという (導かなくてよい). $\dfrac{b}{a}$ にはどのような意味があるか述べよ.

(3) (2)の $\mathrm{P}(p,\ q)$ について,

$$
\begin{aligned}
\lim_{p\to\infty}\bigl|\,\mathrm{F}_1\mathrm{P} - \mathrm{F}_2\mathrm{P}\,\bigr| &= \lim_{p\to\infty}\Bigl(\,\mathrm{F}_2\mathrm{P} - \mathrm{F}_1\mathrm{P}\,\Bigr) \\
&= \lim_{p\to\infty}\Bigl(\sqrt{(p+f)^2 + q^2} - \sqrt{(p-f)^2 + q^2}\Bigr) \\
&= \lim_{p\to\infty}\frac{4fp}{\sqrt{(p+f)^2 + q^2} + \sqrt{(p-f)^2 + q^2}} \\
&= \lim_{p\to\infty}\frac{4f}{\sqrt{\left(1+\dfrac{f}{p}\right)^2 + \left(\dfrac{q}{p}\right)^2} + \sqrt{\left(1-\dfrac{f}{p}\right)^2 + \left(\dfrac{q}{p}\right)^2}}
\end{aligned}
$$

と変形できる. この極限値を a, b, f の式で表せ ((2)の極限を用いてもよい). また, これが(1)の一定値と等しくなることを利用して f の値を求めよ.

(4) 前問の補足から, H の $x > 0$ の部分にある点 P は $(a\cosh t,\ b\sinh t)$ と表すことができる. $|\mathrm{F}_1\mathrm{P} - \mathrm{F}_2\mathrm{P}|$ の値が t によらず一定であることを確認せよ. その際, $(\cosh t)^2 - (\sinh t)^2 = 1$ を用いよ.

問題 4-9

平行でない2直線 $ax+by+c=0$, $dx+ey+f=0$ を漸近線にもつ双曲線は，0でない実数 k を用いて $(ax+by+c)(dx+ey+f)=k$ と表すことができる（示さなくてよい）．グラフが双曲線になる関数について考えよう．

(1) 双曲線 H は，漸近線が $x=1$ と $y=2x+1$ であり，点 $(2,\ 7)$ を通るという．H の方程式を $y=f(x)$ の形で求めよ．

(2) $xy=1$ は双曲線を表している．これを原点を中心に $-45°$ だけ回転して得られる双曲線 H について考える．$xy=1$ 上には点 $(1,\ 1)$ があり，漸近線は $x=0$, $y=0$ である．

ⅰ) H の漸近線を求め，H の方程式，2つの焦点の座標を求めよ．

ⅱ) 双曲線 $xy=1$ の2つの焦点の座標を求めよ．

問題 4-10

楕円の接線には面白い性質がある．

$a>b>0$ とし，楕円 $E:\dfrac{x^2}{a^2}+\dfrac{y^2}{b^2}=1$ の焦点を図のように F_1, F_2 として，点 P における E の接線を l とする．l に垂線 F_1H_1, F_2H_2 を引くと，

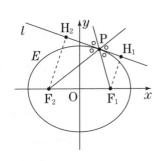

$$\angle F_1PH_1=\angle F_2PH_2$$

が成り立つ．つまり，$\angle F_1PF_2$ の外角の二等分線 m が接線 l と一致する．

この事実は，点と直線の距離などを求めて証明できるが，計算は煩雑になる．そこで，楕円と直線の性質を利用して証明することを考える．

背理法で示す．つまり，次の①を仮定して矛盾を導く：

「$\angle F_1PF_2$ の外角の二等分線 m が接線 l と一致しない」 …… ①

P における接線 l は，E と1点 P のみを共有する直線として特徴付けることができる．①は，m が，E と P 以外にも共有点をもつという意味である．そのような点 Q が存在すると仮定する．

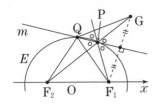

このとき，m に関する F_1 の対称点を G とし，$\triangle F_2QG$ に注目することで，矛盾を導け．

|問題 4-11|

　一般に，2 次曲線 $ax^2 + bxy + cy^2 + dx + ey + f = 0$ の点 $(s, \ t)$ におけ
る接線 l の方程式は，次で与えられるという（補足で証明する）．

$$asx + \frac{b(sy + tx)}{2} + cty + \frac{d(x + s)}{2} + \frac{e(y + t)}{2} + f = 0$$

(1)　これを公式として覚えてミスなく適用するための方法を考えよ．

(2)　(1) を用いて放物線 $y^2 = 4px$ の $(s, \ t)$ における接線の公式を書け．

(3)　楕円 $E : \dfrac{(x - p)^2}{a^2} + \dfrac{(y - q)^2}{b^2} = 1$ の点 $(s, \ t)$ における接線 l の方程式

　を求めたい．次の 2 通りの方法で考えよ．

ⅰ)　E の方程式を展開することで，(1) の公式を当てはめよ．

ⅱ)　楕円 $\dfrac{x^2}{a^2} + \dfrac{y^2}{b^2} = 1$ は，E を x 軸，y 軸方向にそれぞれ $-p$，$-q$ だけ平

　行移動して得られる．これの接線を利用して，接線 l の方程式を求めよ．

問題 4-12

極方程式 $r=\cos\theta$ が表す図形は, 円 $x^2+y^2=x$ である. 両辺に r をかけ,

$$r^2=r\cos\theta \qquad \therefore \quad x^2+y^2=x$$

と変形すると分かる. $\theta=\dfrac{\pi}{2}$ で $r=0$ となるから,

$r=\cos\theta$ の両辺に r をかけても元と同じ図形を表

す. 特に, $0<\theta<\dfrac{\pi}{2}$ の範囲の θ では, 図のように

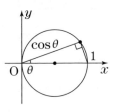

直角三角形が見えて, 円周上を動くことが分かる.

さらに, $(x,\ y)=r(\cos\theta,\ \sin\theta)$ とおくと, 媒介変数表示になっており,

$$x=\cos^2\theta=\frac{1+\cos2\theta}{2},\ y=\cos\theta\sin\theta=\frac{\sin2\theta}{2}$$

$$\therefore \quad \left(x-\frac{1}{2}\right)^2+y^2=\frac{\cos^2 2\theta+\sin^2 2\theta}{4}=\frac{1}{4}$$

として, $x^2+y^2=x$ を導ける. $0\leqq\theta<2\pi$ を θ が動くとき, $0\leqq2\theta<4\pi$ であるから, 動点は円周上を 2 周すると分かる.

最後に, $r=\cos\theta\,(0\leqq\theta<2\pi)$ を θr 平面に図

示すると, 図のようになり, $\dfrac{\pi}{2}<\theta<\dfrac{3\pi}{2}$ の範囲

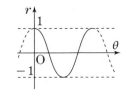

(第 2, 3 象限の角度)で, $r<0$ である. そのため,

対応する点は, 第 1, 4 象限に現れる.

(1) $0\leqq\theta<2\pi$ の範囲の θ で, 点 $\left(\dfrac{1}{2},\ \dfrac{1}{2}\right)$ に対応するものを求めよ.

(2) 極方程式 $r=|\cos\theta|$ および $r=\sin\theta$ が表す図形として適するものを下の ⓪ ～ ⑥ から選べ.

(3) 極方程式 $r=\cos2\theta$ および $r=\cos3\theta$ が表す図形として適するものを下の ⓪ ～ ⑥ からそれぞれ選べ.

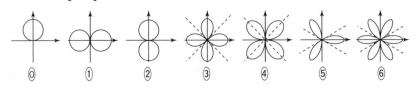

問題 4-13

$x = r\cos\theta$, $y = r\sin\theta$ を用いて，極方程式

$$r = 2 - \cos\theta \quad \cdots\cdots \quad ①$$

を直交座標の方程式に変えたい．両辺に r をかけ，

$$r^2 = 2r - r\cos\theta \quad \therefore \quad x^2 + y^2 + x = 2r \quad \cdots\cdots \quad ②$$

となる．さらに，両辺を 2 乗すると，

$$(x^2 + y^2 + x)^2 = 4(x^2 + y^2) \quad \cdots\cdots \quad ③$$

となる．この変形は正しいものだろうか？

(1) $0 \leqq \theta < 2\pi$ の範囲の θ について，①を θr 平面に図示せよ．

(2) r は常に正の値をとる．①と②は同値か？

(3) ③を極方程式に変えてみよう．$x = r\cos\theta$, $y = r\sin\theta$ を代入して，

$$r^2(r + \cos\theta)^2 = 4r^2$$

$$\therefore \quad r = 0 \quad \text{または} \quad r = 2 - \cos\theta \quad \text{または} \quad r = -2 - \cos\theta$$

を得る．極方程式 $r = -2 - \cos\theta$ が①と同じ曲線を表すことを確認せよ．

(4) ①を表す直交座標の方程式であるものを，③〜⑤からすべて選べ．

③ $(x^2 + y^2 + x)^2 = 4(x^2 + y^2)$

④ $\dfrac{(x^2 + y^2 + x)^2}{x^2 + y^2} = 4$ 　　　⑤ $\dfrac{4(x^2 + y^2)}{(x^2 + y^2 + x)^2} = 1$

問題 4-1

xy 平面上の図形には 2 次曲線と呼ばれるものがある．大きく楕円，双曲線，放物線に分類できる．代表的な方程式は，順に

$$\frac{x^2}{a^2}+\frac{y^2}{b^2}=1,\ \frac{x^2}{a^2}-\frac{y^2}{b^2}=1,\ y^2=4px$$

である．方程式は x, y の 2 次以下の式で表される．$xy=1$ も 2 次曲線で，$y=\dfrac{1}{x}$ と見ると双曲線であることが分かる．しかし，2 次以下の式で表される図形は，上記 3 種の 2 次曲線以外にも色々なものがある．次の各方程式が表す図形として適するものを下の ⓪ 〜 ⑨ から選べ．

(1) $x^2+y^2=0$ (2) $x^2+y^2+1=0$

(3) $xy=0$ (4) $x^2=1$

(5) $x^2-2xy+y^2=0$ (6) $2x^2-xy-y^2=0$

(7) $x^2-2xy+y^2=1$

[選択肢]

⓪ 図形が存在しない   ① 1 点

② 2 点   ③ 直線   ④ 交わる 2 直線

⑤ 平行な 2 直線   ⑥ 円

⑦ 楕円   ⑧ 双曲線   ⑨ 放物線

【ヒント】

方程式が表す図形とは，その関係式を満たす点全体の集合である．和集合なのか，共通部分なのか，注意深く判断しよう．

この観点がなかった人は，改めて考えてみよう！

【解答・解説】

(1) $x^2+y^2=0$ は「$x=0$ かつ $y=0$」である．これが表す図形は 1 点のみからなる集合 $\{(0,\ 0)\}$ である（①）．

(2) $x^2+y^2+1=0$ の左辺は正の値をとるから，これを満たす実数 x, y

は存在しない（⓪）．集合としては空集合である．

(3)　$xy=0$ は「$x=0$ または $y=0$」である．直線 $x=0$ と直線 $y=0$ の和集合であるから，図形は交わる 2 直線（④）である．

(4)　$x^2=1$ は「$x=1$ または $x=-1$」である．直線 $x=1$ と直線 $x=-1$ の和集合であるから，図形は平行な 2 直線（⑤）である．

(5)　$x^2-2xy+y^2=0$ は，$(x-y)^2=0$ であるから「$y=x$」である．これが表す図形は直線（③）である．

(6)　$2x^2-xy-y^2=0$ は，$(2x+y)(x-y)=0$ であるから，「$y=-2x$ または $y=x$」である．直線 $y=-2x$ と直線 $y=x$ の和集合であるから，図形は交わる 2 直線（④）である．

(7)　$x^2-2xy+y^2=1$ は，

$$(x-y)^2=1 \quad \therefore \quad x-y=1 \quad \text{または} \quad x-y=-1$$

であるから「$y=x-1$ または $y=x+1$」である．直線 $y=x-1$ と直線 $y=x+1$ の和集合であるから，図形は平行な 2 直線（⑤）である．

∎

※　色々な図形が得られた．

　　仮に (1)，(2) を円と捉えたら"半径が 0 の円"と"半径が i の円"という解釈になろう．実際には円でなく，それぞれ，1 点と空集合である．

　　(3)，(6) は，右辺が 0 以外の数であれば，双曲線である．そのような双曲線の漸近線が (3)，(6) である．

　　(4)，(5)，(7) は，完全平方式が定数という意味である．定数が負であれば空集合であるが，正の数なら平行な 2 直線，0 であれば 1 本の直線である．

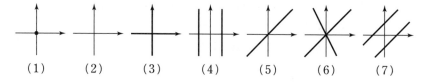

(1)　　　(2)　　　(3)　　　(4)　　　(5)　　　(6)　　　(7)

xyz 空間内で, 方程式 $x^2 + y^2 = z^2$ は何を表すだろう? $z = t$ を代入すると,

$$x^2 + y^2 = t^2 \, (z = t)$$

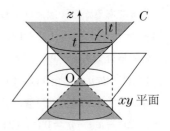

となり, 平面 $z = t$ における半径が $|t|$ の円で, 中心は z 軸上にある. $x^2 + y^2 = z^2$ は図のような円錐 C を表す（軸と母線のなす角が $45°$）. ここで, 空間内で $x^2 + y^2 = 1$ は, 円ではない. z に関して制限がないから, 例えば,

$$(1,\ 0,\ 0),\ (1,\ 0,\ 1),\ (1,\ 0,\ 5),\ (1,\ 0,\ -10)$$

などを含み, 図形としては円柱である. $x^2 + y^2 = 1 \, (z = 1)$ なら, 円である.

(1) 平面 $x = 1$ による C の切り口は, 双曲線である. その双曲線の焦点の座標を求めよ.

(2) 平面 $z = x + 1$ による C の切り口は, $x^2 + y^2 = (x + 1)^2$ かつ $z = x + 1$ により, 放物線 $y^2 = 2x + 1 \, (z = x + 1)$ である. これが xy 平面の放物線 $y = ax^2$ と合同になる正の実数 a を求めよ.

【ヒント】

$x = 1$ を代入すると $y,\ z$ だけの式になる. それと $x = 0$ を連立したら, yz 平面の方程式となり, 切り口を yz 平面への正射影した曲線を表す. また, 焦点の公式からは, 2 次曲線の中心から焦点までの距離が分かる.

平面 $z = x + 1$ は xy 平面から $45°$ 傾いている. z を消去して得られる $y^2 = 2x + 1$ は柱を表すが, 切り口を $z = 0$（xy 平面）へ正射影して得られる曲線の方程式と一致する. (2) では, 正射影と切り口は合同でない! 傾いているからである. x 軸方向の伸び縮みを考えよう.

この観点がなかった人は, 改めて考えてみよう!

【解答・解説】

(1) 切り口は

$$x^2 + y^2 = z^2 \quad \text{かつ} \quad x = 1 \qquad \therefore \quad z^2 - y^2 = 1 \, (x = 1)$$

平面 $x=1$ は yz 平面と平行であるから，切り口は yz 平面の双曲線 $z^2-y^2=1$ と合同である。$z^2-y^2=1\,(x=0)$ の焦点が $(0,\ 0,\ \pm\sqrt{2})$ であるから，切り口の焦点は $(1,\ 0,\ \pm\sqrt{2})$ である。

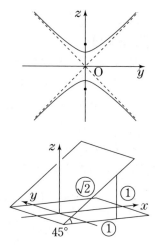

(2) $y^2=2x+1\,(z=x+1)$ を xy 平面に正射影すると $y^2=2x+1$ である。その際，y 軸方向の長さは維持され，x 軸方向の長さは $\dfrac{1}{\sqrt{2}}$ 倍される。よって，xy 平面内で $y^2=2x+1$ を x 軸方向に $\sqrt{2}$ 倍したもの

のが切り口と合同になる。$(p,\ q)$ が $q^2=2p+1$ を満たして動くときの $(x,\ y)=(\sqrt{2}\,p,\ q)$ の軌跡である。$p=\dfrac{1}{\sqrt{2}}x,\ q=y$ となる点 $(x,\ y)$ の軌跡だから，$y^2=\sqrt{2}\,x+1$ である。これが切り口と合同な放物線である。

よって，$y=ax^2$ が切り口と合同になる正数は $a=\dfrac{1}{\sqrt{2}}$ である。∎

※ 切り口の放物線 $y^2=2x+1\,(z=x+1)$ の焦点の xy 平面への正射影は，xy 平面への正射影 $y^2=2x+1\,(z=0)$ の焦点と一致するだろうか？

正射影は $y^2=4\cdot\dfrac{1}{2}\left(x+\dfrac{1}{2}\right)(z=0)$ である。頂点が $\left(-\dfrac{1}{2},\ 0,\ 0\right)$ であるから，焦点は $(0,\ 0,\ 0)$ である。

$\sqrt{2}=4\cdot\dfrac{1}{2\sqrt{2}}$ より，切り口の焦点は，頂点から軸上を $\dfrac{1}{2\sqrt{2}}$ だけ動いたところにある（z 座標が増える方向）。切り口の頂点は，正射影すると正射影の頂点 $\left(-\dfrac{1}{2},\ 0,\ 0\right)$ であるから，$\left(-\dfrac{1}{2},\ 0,\ \dfrac{1}{2}\right)$ である。軸の方向ベクトルに $(1,\ 0,\ 1)$ をとれて（大きさが $\sqrt{2}$），焦点は $\left(-\dfrac{1}{4},\ 0,\ \dfrac{3}{4}\right)$ である。この点の xy 平面への正射影は $(0,\ 0,\ 0)$ ではない。

199

xy 平面で 2 次曲線 $C:x^2-2xy+3y^2-6x+1=0$ について考える.

(1) C と, 直線 $x=1$ および $x=0$ との交点の座標をそれぞれ求めよ.

(2) C と直線 $y=k$ が共有点をもつような実数 k の値の範囲を求めよ. また, C と $y=k$ が接するときの k のうち最大のものを k_1 とおく. C と $y=k_1$ の接点の座標を求めよ.

(3) C の方程式の両辺を x で微分すると,

$$2x-2\Big(y+x\cdot\frac{dy}{dx}\Big)+6y\cdot\frac{dy}{dx}-6=0$$

$$\therefore\quad (x-3y)\cdot\frac{dy}{dx}=x-y-3$$

が得られる. C と直線 $x-3y=0$ との共有点において, C の接線はどのような直線になるか答えよ（接線の方程式を求める必要はない）.

(4) C を表す図として適当なものを次の ⓪ ～ ③ から選べ.

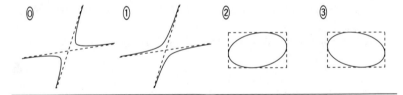

⓪　　　①　　　②　　　③

【ヒント】

　共有点, 接点をもつ縦線, 横線を考えることで, 2 次曲線がどのような範囲にあるかが分かり, 図を考えるヒントになる. そのために, 連立して得られる 2 次方程式の実数解について考察しよう.（楕円は有限な範囲, 範囲が 2 つに分かれたら双曲線, などだが, **問題 4-1** のような例外に注意！）

　また, $\dfrac{dy}{dx}$ が 0 になる点, 実数として存在しない点（つまり $\dfrac{dx}{dy}=0$ ということ）の意味も考えてみよう.

　この観点がなかった人は, 改めて考えてみよう！

【解答・解説】

(1) $x=1$ のとき, $3y^2-2y-4=0$ で, 解の公式で y を求めて, 共有点

の座標は $\left(1, \dfrac{1 \pm \sqrt{13}}{3}\right)$ である.

$x=0$ のとき, $3y^2+1=0$ となり, C と $x=0$ との共有点は存在しない.

(2) $y=k$ のとき,

$$x^2 - 2(k+3)x + 3k^2 + 1 = 0 \quad \cdots\cdots \quad ①$$

である. 共有点をもつ条件は, これが実数解をもつことで,

$$(k+3)^2 - (3k^2+1) \geqq 0$$

$$(k+1)(k-4) \leqq 0 \qquad \therefore \quad -1 \leqq k \leqq 4$$

接するのは $k=-1$, 4 のときで, $k_1=4$ である. $k=4$ のとき, ① は

$$x^2 - 14x + 49 = 0 \qquad \therefore \quad x=7 \,(\text{重解})$$

で, $y=4$ との接点の座標は $(7, 4)$ である.

(3) C において, $x-3y=0$ のとき, $\dfrac{dx}{dy}=0$ である. つまり, C と直線 $x-3y=0$ との共有点において, C の接線は y 軸と平行（縦線）である.

(4) (2) より, C は $-1 \leqq y \leqq 4$ の範囲に含まれ, $y=4$, $y=-1$ に接する. 楕円である（例外的な図形ではない！）.

(3) より, 縦線に接する 2 点は $x-3y=0$ 上にある. $\dfrac{dy}{dx}=0$ となる条件を考えると, 横線に接する 2 点が $x-y=3$ 上にあると分かる. これらの条件を満たすのは, ② である.

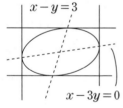

■

※ C の方程式を y について解くと,

$$y = \frac{x \pm \sqrt{-2x^2 + 18x - 3}}{3} \quad \left(\frac{9-5\sqrt{3}}{2} \leqq x \leqq \frac{9+5\sqrt{3}}{2}\right)$$

ここで, $y = \pm \dfrac{\sqrt{-2x^2+18x-3}}{3}$ は $2\left(x-\dfrac{9}{2}\right)^2 + 9y^2 = \dfrac{75}{2}$ と変形でき,

楕円を表す. C はこれに $\dfrac{x}{3}$ を加えた形で表され, C も楕円であった.

また, $x-\dfrac{9}{2} = \dfrac{5\sqrt{3}}{2}\cos\theta$ とおくと, $y = \dfrac{x}{3} \pm \dfrac{5\sqrt{6}}{6}\sin\theta$ となる.

問題 4-4

xy 平面において $x^2-2xy+y^2-x+1=0$ が表す 2 次曲線 C について
考える．これは $(x-y)^2=x-1$ と変形でき，

$$y=x\pm\sqrt{x-1}\,(x\geqq1)$$

と表すことができる．$y=\pm\sqrt{x-1}\,(x\geqq1)$ に x を加えた形である．

$y=\pm\sqrt{x-1}\,(x\geqq1)$ は $y^2=x-1$ であり，放物線を表す．このことから，
C も放物線であることが分かる（本問ではこれを認めて議論する）．

(1) C と直線 $y=x$ は 1 点のみを共有し，しかも接点ではない．その共有
点の座標を求めよ．また，直線 $y=x$ がどのような直線であるか，最も
適当なものを次の ⓪ ～ ③ から選べ．

⓪ C の軸と平行 　　　① C の軸と垂直

② C の軸と平行でも垂直でもない

(2) C の頂点における接線の傾き m を答えよ．また，直線 $y=mx+k$ が
C と共有点をもつような実数 k の値の範囲を求めよ．

(3) C の頂点の座標を求めよ．

(4) C の方程式の両辺を x で微分すると，

$$2x-2\Big(y+x\cdot\frac{dy}{dx}\Big)+2y\cdot\frac{dy}{dx}-1=0$$

$$\therefore\quad 2(x-y)\cdot\frac{dy}{dx}=2x-2y-1$$

が得られる．これを利用して，C の頂点における接線の傾きが (3) で求
めた m であることを確認せよ．

【ヒント】

例えば，放物線 $y=x^2$ は，y 軸と平行な直線と必ず 1 点で交わる（異な
る 2 点で交わることも，接することもない）．また，原点では x 軸に接し
ている．どんな放物線も，この性質をもっている．

2 次曲線の接線は，「判別式が 0」でも「微分」でも考えられる．

この観点がなかった人は，改めて考えてみよう！

【解答・解説】

（1） 連立すると，$x=1$ が得られるから，共有点は $(1,1)$ である．放物線と1点で交わる直線は，軸と平行なものである（⓪）．

（2） C の頂点における接線は，軸と垂直である．よって，$m=-1$ である．

$y=-x+k$ を $x^2-2xy+y^2-x+1=0$ に代入すると

$$x^2-2x(-x+k)+(-x+k)^2-x+1=0$$

$$\therefore\quad 4x^2-(4k+1)x+k^2+1=0\quad\cdots\cdots\quad ①$$

である．①が実数解をもつ条件を考えれば良い．

$$(\text{判別式})=(4k+1)^2-4\cdot4(k^2+1)=8k-15$$

であるから，k の条件は，$(\text{判別式})\geqq0$ つまり $k\geqq\dfrac{15}{8}$ である．

（3） $k=\dfrac{15}{8}$ のときの $y=-x+\dfrac{15}{8}$ が頂点における接線で，①の重解

$$\frac{4k+1}{8}=\frac{1}{8}\left(\frac{15}{2}+1\right)=\frac{17}{16}$$

が頂点の x 座標である．よって，頂点の座標は $\left(\dfrac{17}{16},\dfrac{13}{16}\right)$ である．

（4） $2(x-y)\cdot\dfrac{dy}{dx}=2x-2y-1$ に頂点の座標

$(x,y)=\left(\dfrac{17}{16},\dfrac{13}{16}\right)$ を代入すると，

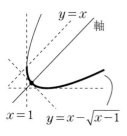

$$2\left(\frac{17}{16}-\frac{13}{16}\right)\cdot\frac{dy}{dx}=2\left(\frac{17}{16}-\frac{13}{16}\right)-1$$

$$\frac{1}{2}\cdot\frac{dy}{dx}=\frac{1}{2}-1\quad\therefore\quad\frac{dy}{dx}=-1$$

であり，確かに $m=-1$ と一致する． ∎

※ $\left(x-\sqrt{x-1}\right)'=1-\dfrac{1}{2\sqrt{x-1}}$ で，これが -1 になる点が頂点である．

また，C は $y=-x+2$（軸と垂直）と2点 $(1,1)$，$\left(\dfrac{5}{4},\dfrac{3}{4}\right)$ で交わる．

C の軸は，これらを結ぶ線分の垂直二等分線でもあり，$y=x-\dfrac{1}{4}$ である．

2定点からの距離の和が一定である動点 P について，P の軌跡が楕円である．この定義から楕円の方程式を式変形だけで導くとき，"2乗"することになるから"逆証"しなければならない．その様子を確認しよう．

A$(-3, 0)$，B$(3, 0)$ とし，動点 P(x, y) が AP＋BP＝10 を満たして動くときの P の軌跡を考えたい．AP＋BP＝10 を同値変形していこう．

$$\text{AP}+\text{BP}=10 \iff \sqrt{(x+3)^2+y^2}+\sqrt{(x-3)^2+y^2}=10$$

$$\iff \sqrt{x^2+y^2+9+6x}=10-\sqrt{x^2+y^2+9-6x}$$

$$\iff x^2+y^2+9+6x=x^2+y^2+109-6x-20\sqrt{x^2+y^2+9-6x}$$
$$\text{かつ}\quad \boxed{①}$$

$$\iff 5\sqrt{x^2+y^2+9-6x}=25-3x \quad \text{かつ}\quad \boxed{①}$$

$$\iff 25(x^2+y^2+9-6x)=9x^2-150x+25^2$$
$$\text{かつ}\quad \boxed{①}\quad \text{かつ}\quad \boxed{②}$$

$$\iff 16x^2+25y^2=25\cdot16 \quad \text{かつ}\quad \boxed{①}\quad \text{かつ}\quad \boxed{②}$$

$$\iff \frac{x^2}{25}+\frac{y^2}{16}=1 \quad \text{かつ}\quad \boxed{①}\quad \text{かつ}\quad \boxed{②}$$

（1） ①，②に入る x, y の条件を答えよ．

（2） $\dfrac{x^2}{25}+\dfrac{y^2}{16}=1$ を図示し，$\dfrac{x^2}{25}+\dfrac{y^2}{16}=1$ を満たす (x, y) が①と②を満たすことを確認せよ（これで，P(x, y) について

$$\text{AP}+\text{BP}=10 \iff \frac{x^2}{25}+\frac{y^2}{16}=1$$

が分かり，楕円の方程式が確定する）．

【ヒント】

A, B が実数で $A \geqq 0$ のとき，

$$A=B \iff \ulcorner A^2=B^2 \quad \text{かつ}\quad B \geqq 0 \lrcorner$$

である．$\sqrt{}$ の値は0以上であるから，これを上記の A と見よ．

この観点がなかった人は，改めて考えてみよう！

【解答・解説】

(1) ①は

$$10 - \sqrt{x^2 + y^2 + 9 - 6x} \geqq 0$$

である. これは, $BP \leqq 10$ と書くこともできる.

②は

$$25 - 3x \geqq 0 \qquad \therefore \quad x \leqq \frac{25}{3}$$

(2) $\dfrac{x^2}{25} + \dfrac{y^2}{16} = 1$ は, 単位円 $x^2 + y^2 = 1$ を x 軸, y 軸方向に 5 倍, 4 倍拡大して得られる図形を表す. 図示すると次のようになる.

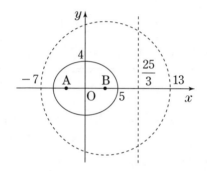

この図には, B が中心で半径が 10 の円, 直線 $x = \dfrac{25}{3}$ を破線で描いてある. 確かに, $\dfrac{x^2}{25} + \dfrac{y^2}{16} = 1$ を満たす (x, y) は, ①と②を満たしている.

■

※ $0 < b < a$ について, 楕円 $\dfrac{x^2}{a^2} + \dfrac{y^2}{b^2} = 1$ の焦点は $\left(\pm\sqrt{a^2 - b^2}, \, 0 \right)$ であり, この楕円は 2 焦点からの距離の和が $2a$ である点の軌跡である. この公式については次の問題で扱う.

※ 双曲線が「2 焦点からの距離の差が一定」の点の軌跡である. 双曲線の方程式を式だけで導くのも, 同様に手間がかかる.

205

0 < b < a とする．楕円は「2 焦点からの距離の和が一定」の点 P の軌

跡であり，$\dfrac{x^2}{a^2}+\dfrac{y^2}{b^2}=1$ は楕円の方程式である．この焦点が x 軸上にある

こと，x 軸，y 軸について対称であることを認めた上で議論する．

正の数 c を用いて，2 焦点を $F_1(c,\ 0)$，$F_2(-c,\ 0)$ とおくことができる．
楕円上のすべての点 P で F_1P+F_2P の値は一定である．

(1) ある点 P での F_1P+F_2P の値を考えることで，一定値を求めよ．

(2) ある点 P での F_1P+F_2P の値を考えることで，c を a，b の式で表せ．

(3) 楕円 $\dfrac{x^2}{a^2}+\dfrac{y^2}{b^2}=1$ 上の点 P は $(a\cos\theta,\ b\sin\theta)$ と表すことができる．

F_1P+F_2P の値が θ によらず一定であることを確認せよ．

【ヒント】

すべての点 P で一定，θ によらず一定というのは，「恒等式」ということ．
ある P での値が一定値である．(3) は，高難度で，煩雑な計算を要する．

この観点がなかった人は，改めて考えてみよう！

【解答・解説】

(1) $P_1(a,\ 0)$，$P_2(-a,\ 0)$ として，
$$F_1P_1+F_2P_1=F_2P_2+F_2P_1$$
$$=P_1P_2=2a$$
である．これが一定値である．

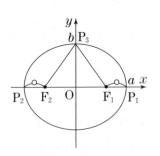

(2) $P_3(0,\ b)$ として，
$$F_1P_3+F_2P_3=2a$$
$$\therefore\quad F_1P_3=F_2P_3=a$$
である．$OP_3=b$ であるから，三平方の定理より
$$(OF_1)^2+b^2=a^2\qquad \therefore\quad (OF_1)^2=a^2-b^2$$
であるから，$c=\sqrt{a^2-b^2}$ である．

(3) $P(a\cos\theta,\ b\sin\theta)$ と $(\pm c,\ 0)$ の距離の 2 乗を考える. 以下, 複号は同順である.

$$\begin{aligned}
&(a\cos\theta \mp c)^2 + b^2\sin^2\theta \\
&= a^2\cos^2\theta + b^2\sin^2\theta + c^2 \mp 2ac\cos\theta \\
&= a^2\cos^2\theta + (a^2 - c^2)\sin^2\theta + c^2 \mp 2ac\cos\theta \\
&= c^2\cos^2\theta + a^2 \mp 2ac\cos\theta \\
&= (a \mp c\cos\theta)^2
\end{aligned}$$

となる.

$$a \mp c\cos\theta \geqq a - c = a - \sqrt{a^2 - b^2} > 0$$

であるから,

$$\begin{aligned}
F_1P + F_2P &= |a - c\cos\theta| + |a + c\cos\theta| \\
&= (a - c\cos\theta) + (a + c\cos\theta) \\
&= 2a
\end{aligned}$$

である. 確かに, $F_1P + F_2P$ の値が θ によらず一定値 $2a$ である.

■

※ 前問では, 式変形により,

$$F_1P + F_2P = 2a \quad \cdots\cdots \quad ①$$

となる点 P の軌跡である楕円の方程式として $\dfrac{x^2}{a^2} + \dfrac{y^2}{b^2} = 1$ を導き, 楕円は円を拡大縮小して得られることを示した (必要十分条件として).

本問 (1), (2) では, 前問の結果を認めて, 一定値の意味と焦点の座標を考えた.

最後に, (3) で示したことを前問と比較してみよう.

ここで示したのは,「曲線 $\dfrac{x^2}{a^2} + \dfrac{y^2}{b^2} = 1$ 上にある点 P は, ① を満たす (つまり, 楕円上にある)」のみである. 逆の「① を満たす点 P は $\dfrac{x^2}{a^2} + \dfrac{y^2}{b^2} = 1$ 上にある」については考えていないことに注意しておこう.

※ 問題 4-8 で, 双曲線に関して本問と同様のことをやってみよう.

双曲線 $x^2 - y^2 = 1$ の $x > 0$, $y > 0$ の部分にある点は, $0 < \theta < \dfrac{\pi}{2}$ を満たす θ を用いて $\left(\dfrac{1}{\cos\theta},\ \tan\theta\right)$ と表すことができる. $1 + \tan^2\theta = \dfrac{1}{\cos^2\theta}$ が成り立つからである.

また, 単位円 $x^2 + y^2 = 1$ の $x > 0$, $y > 0$ の部分にある点は, $0 < \theta < \dfrac{\pi}{2}$ を満たす θ を用いて $(\cos\theta,\ \sin\theta)$ と表すことができる.

下図には $x^2 - y^2 = 1$ と $x^2 + y^2 = 1$ の $x > 0$, $y > 0$ の部分と, ある θ のときの $\mathrm{P}(\cos\theta,\ \sin\theta)$ が書かれている. この図に $\mathrm{Q}\left(\dfrac{1}{\cos\theta},\ \tan\theta\right)$ を書き入れ, その描き方を説明せよ.

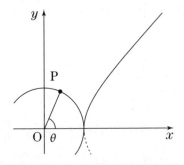

【ヒント】

描き方は 1 通りではない. 双曲線上

・x 座標が $\dfrac{1}{\cos\theta}$ となる点を作る

・y 座標が $\tan\theta$ となる点を作る

のいずれかであろう. 可能であれば両方考えてみよう.

この観点がなかった人は, 改めて考えてみよう!

【解答・解説】

まず，y 座標が $\tan\theta$ となる点を作る.

直線 $x=1$ を描き，直線 OP との交点を T とすると，T$(1,\ \tan\theta)$ である．点 T を通って x 軸と平行な直線を描き，双曲線 $x^2-y^2=1$ との交点をとると，これが

$Q\left(\dfrac{1}{\cos\theta},\ \tan\theta\right)$ である.

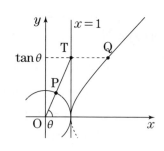

次に，x 座標が $\dfrac{1}{\cos\theta}$ となる点を作る.

P における $x^2+y^2=1$ の接線 l が x 軸と交わる点を C とすると，$\angle$OPC$=90°$ であるから，OC$=\dfrac{1}{\cos\theta}$ である．点 C を通り y 軸と平行な直線を描き，$x^2-y^2=1$ との交点をとると，$Q\left(\dfrac{1}{\cos\theta},\ \tan\theta\right)$ である.

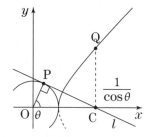

∎

※　接線 l を利用した作図において，

$$\mathrm{CP}=\tan\theta,\ \angle\mathrm{PCQ}=90°-\angle\mathrm{OCP}=\theta$$

である．CQ$=\tan\theta$ であるから $\triangle$PCQ は二等辺三角形である.

※　双曲線 $x^2-y^2=1\ (x\geqq 0)$ の媒介変数表示には，

$$\cosh t=\frac{e^t+e^{-t}}{2},\ \sinh t=\frac{e^t-e^{-t}}{2}\quad(e\ \text{は自然対数の底})$$

を利用するものも知られている．双曲線関数（hyperbolic function）と呼ばれるものである．ハイパボリック（コ）サインと読む.

三角関数を用いて $(\cos\theta,\ \sin\theta)$ で単位円の点を表すのと同様，双曲線 $x^2-y^2=1\ (x\geqq 0)$ 上の点を $(\cosh t,\ \sinh t)$ で表すことができる．面積を求めるときの置換積分でその真価を発揮する．また，双曲線関数にも三角関数のような加法定理が成り立つことが知られている.

a, b を正の実数とする. 双曲線 $H:\dfrac{x^2}{a^2}-\dfrac{y^2}{b^2}=1$ には焦点 F_1, F_2 があっ

て, H は「2焦点からの距離の差が一定」の点 P の軌跡である. つまり,

H 上のすべての点Pで $|F_1P-F_2P|$ の値は一定である. (1), (2), (3)では,

これと, 正数 f を用いて $F_1(f,\ 0)$, $F_2(-f,\ 0)$ とおけることを認めた上

で議論せよ.

(1) ある点Pでの $|F_1P-F_2P|$ の値を考えることで, 一定値を求めよ.

(2) H 上の第1象限の点Pは正数 p, q を用いて $(p,\ q)$ と表すことがで

きる. このとき, $\displaystyle\lim_{p\to\infty}\dfrac{q}{p}=\dfrac{b}{a}$ であるという (導かなくてよい). $\dfrac{b}{a}$ に

はどのような意味があるか述べよ.

(3) (2)の $P(p,\ q)$ について,

$$\lim_{p\to\infty}\left|F_1P-F_2P\right|=\lim_{p\to\infty}\left(F_2P-F_1P\right)$$

$$=\lim_{p\to\infty}\left(\sqrt{(p+f)^2+q^2}-\sqrt{(p-f)^2+q^2}\right)$$

$$=\lim_{p\to\infty}\frac{4fp}{\sqrt{(p+f)^2+q^2}+\sqrt{(p-f)^2+q^2}}$$

$$=\lim_{p\to\infty}\frac{4f}{\sqrt{\left(1+\dfrac{f}{p}\right)^2+\left(\dfrac{q}{p}\right)^2}+\sqrt{\left(1-\dfrac{f}{p}\right)^2+\left(\dfrac{q}{p}\right)^2}}$$

と変形できる. この極限値を a, b, f の式で表せ ((2)の極限を用いて

もよい). また, これが(1)の一定値と等しくなることを利用して f の

値を求めよ.

(4) 前問の補足から, H の $x>0$ の部分にある点Pは $(a\cosh t,\ b\sinh t)$

と表すことができる. $|F_1P-F_2P|$ の値が t によらず一定であることを

確認せよ. その際, $(\cosh t)^2-(\sinh t)^2=1$ を用いよ.

【ヒント】

問題4-6 と同様に考えよ. 用いてよいものをうまく用いよ.

この観点がなかった人は, 改めて考えてみよう!

【解答・解説】

(1) $P_1(a, 0)$, $P_2(-a, 0)$ をとる.

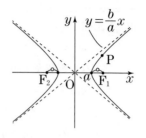

$$|F_1P_1 - F_2P_1| = F_2P_1 - F_1P_1$$
$$= F_2P_1 - F_2P_2 = P_1P_2 = 2a$$

一定値は $2a$ である.

(2) 極限値 $\dfrac{b}{a}$ は，漸近線の傾きである.

※ 極限は $\displaystyle\lim_{p\to\infty}\frac{q}{p} = \lim_{p\to\infty}\frac{b}{p}\sqrt{\frac{p^2}{a^2}-1} = \lim_{p\to\infty}\frac{b}{a}\sqrt{1-\frac{a^2}{p^2}} = \frac{b}{a}$ と計算できる.

(3) f は定数である.(2) の極限を用いて

$$\lim_{p\to\infty}|F_1P - F_2P| = \frac{4f}{\sqrt{1+\left(\dfrac{b}{a}\right)^2}+\sqrt{1+\left(\dfrac{b}{a}\right)^2}} = \frac{2af}{\sqrt{a^2+b^2}}$$

これが $2a$ と一致するから

$$\frac{2af}{\sqrt{a^2+b^2}} = 2a \qquad \therefore \quad f = \sqrt{a^2+b^2}$$

(4) P と $(\pm f, 0)$ の距離の2乗を考える.以下，複号は同順である.
$(\cosh t)^2 - (\sinh t)^2 = 1$ より，

$$\begin{aligned}
&(a\cosh t \mp f)^2 + (b\sinh t)^2 \\
&= a^2(\cosh t)^2 + b^2(\sinh t)^2 + f^2 \mp 2af\cosh t \\
&= a^2(\cosh t)^2 + (f^2 - a^2)(\sinh t)^2 + f^2 \mp 2af\cosh t \\
&= f^2(\cosh t)^2 + a^2 \mp 2af\cosh t \\
&= (f\cosh t \mp a)^2
\end{aligned}$$

である.$(\cosh t)^2 = 1 + (\sinh t)^2 \geqq 1$ より，$\cosh t \geqq 1$ であるから，

$$f\cosh t \mp a \geqq f - a = \sqrt{a^2+b^2} - a > 0$$

がすべての t について成り立つ.よって，

$$\begin{aligned}
|F_1P - F_2P| &= \left||f\cosh t - a| - |f\cosh t + a|\right| \\
&= |(f\cosh t - a) - (f\cosh t + a)| \\
&= 2a
\end{aligned}$$

である.確かに，$|F_1P - F_2P|$ は t によらず一定値 $2a$ である.

■

問題 4-9

平行でない2直線 $ax+by+c=0$, $dx+ey+f=0$ を漸近線にもつ双曲線は, 0 でない実数 k を用いて $(ax+by+c)(dx+ey+f)=k$ と表すことができる(示さなくてよい). グラフが双曲線になる関数について考えよう.

(1) 双曲線 H は, 漸近線が $x=1$ と $y=2x+1$ であり, 点 $(2, 7)$ を通るという. H の方程式を $y=f(x)$ の形で求めよ.

(2) $xy=1$ は双曲線を表している. これを原点を中心に $-45°$ だけ回転して得られる双曲線 H について考える. $xy=1$ 上には点 $(1, 1)$ があり, 漸近線は $x=0$, $y=0$ である.

ⅰ) H の漸近線を求め, H の方程式, 2つの焦点の座標を求めよ.

ⅱ) 双曲線 $xy=1$ の2つの焦点の座標を求めよ.

【ヒント】

問題文に書かれた表示方法を活用してみよう. (1)は最終的に $y=f(x)$ の形に直そう. (2)では H を求めるのにこの表示が利用できる. 漸近線が分かるときは, $\dfrac{x^2}{a^2}-\dfrac{y^2}{b^2}=1$ という形よりも方程式を求めやすい. 最終的にこの形に直して, 焦点を求めれば良いだろう.

この観点がなかった人は, 改めて考えてみよう!

【解答・解説】

(1) $$(x-1)(y-2x-1)=k$$

とおくことができる. 点 $(2, 7)$ を通る条件は

$$1 \cdot 2 = k \qquad \therefore \quad k=2$$

$f(x)$ の定義域は $x \neq 1$ で, H の方程式は

$$(x-1)(y-2x-1)=2$$

$$y-2x-1=\frac{2}{x-1}$$

$$\therefore \quad y=2x+1+\frac{2}{x-1}$$

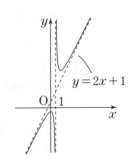

(2) i) $xy=1$ の漸近線が $x=0$, $y=0$ で
あるから，これらを原点を中心に $-45°$ だ
け回転して得られる 2 直線 $y=x$, $y=-x$
が H の漸近線である．また，$(1, 1)$ を同じ
く回転して得られる点 $(\sqrt{2}, 0)$ が H 上に
ある．H の方程式は，実数 k を用いて

$$(y-x)(y+x)=k$$

おけ，$(\sqrt{2}, 0)$ を通る条件を考えて

$$-\sqrt{2}\cdot\sqrt{2}=k \quad \therefore \quad k=-2$$

である．よって，H の方程式は

$$y^2-x^2=-2$$

$$\therefore \quad \frac{x^2}{2}-\frac{y^2}{2}=1$$

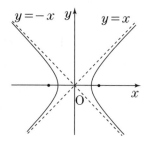

である．$\sqrt{2+2}=2$ より，焦点は $(2, 0)$, $(-2, 0)$ である．

ii) $xy=1$ の焦点は，$(2, 0)$, $(-2, 0)$ を，原点を中心に $45°$ だけ回転
して得られる．$y=x$ 上で原点からの距離が 2 の点であるから，

$$(\sqrt{2}, \sqrt{2}), (-\sqrt{2}, -\sqrt{2})$$

■

※ （1）の双曲線についても，同様に焦点を考えることは可能である．そ
のためには，2 つの漸近線の間にある角の二等分線を考えることになる．
それを元に，H と合同で $\dfrac{x^2}{a^2}-\dfrac{y^2}{b^2}=1$ の形で表される双曲線を考える．し
かし，計算が煩雑になるので，詳細は省略する．

ところで，$x>1$ の部分については，相加・相乗平均の関係から

$$y=2(x-1)+\frac{2}{x-1}+3 \geqq 2\sqrt{2(x-1)\cdot\frac{2}{x-1}}+3=7$$

が得られ，$x=2$ で等号が成り立つことが分かる．よって，最小値は 7
である．$(2, 7)$ の点が極値点であるが，双曲線の頂点ではないことに
注意しよう（角の二等分線は，$y=(2+\sqrt{5})x+1-\sqrt{5}$ である！）．

楕円の接線には面白い性質がある.

$a > b > 0$ とし,楕円 $E : \dfrac{x^2}{a^2} + \dfrac{y^2}{b^2} = 1$ の焦

点を図のように F_1,F_2 として,点 P にお

ける E の接線を l とする.l に垂線 F_1H_1,

F_2H_2 を引くと,

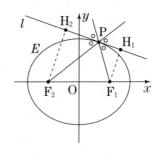

$$\angle F_1PH_1 = \angle F_2PH_2$$

が成り立つ.つまり,$\angle F_1PF_2$ の外角の二等分線 m が接線 l と一致する.

この事実は,点と直線の距離などを求めて証明できるが,計算は煩雑になる.そこで,楕円と直線の性質を利用して証明することを考える.

背理法で示す.つまり,次の①を仮定して矛盾を導く:

「$\angle F_1PF_2$ の外角の二等分線 m が接線 l と一致しない」 …… ①

P における接線 l は,E と 1 点 P のみを共有する直線として特徴付けることができる.①は,m が,E と P 以外に

も共有点をもつという意味である.そのよう

な点 Q が存在すると仮定する.

このとき,m に関する F_1 の対称点を G とし,

$\triangle F_2QG$ に注目することで,矛盾を導け.

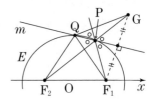

【ヒント】

焦点の性質 $F_1P + F_2P = 2a$ を利用してみよ.G の取り方から,$2a$ という長さに対応するものがいくつか見つかる.

この観点がなかった人は,改めて考えてみよう!

【解答・解説】

l と m が一致しないと仮定する.

m は外角の二等分線である.G の取り方から,G は直線 F_2P 上にあり,

$$F_1P = PG,\quad F_1Q = QG$$

である.また,焦点の性質から

$$\mathrm{F_1P} + \mathrm{F_2P} = 2a, \quad \mathrm{F_1Q} + \mathrm{F_2Q} = 2a$$

である．これらを合わせると，

$$\mathrm{PG} + \mathrm{F_2P} = 2a, \quad \mathrm{QG} + \mathrm{F_2Q} = 2a$$

である．$\mathrm{PG} + \mathrm{F_2P} = \mathrm{F_2G}$ であるから，$\triangle \mathrm{F_2QG}$ において，

$$\mathrm{F_2G} = 2a, \quad \mathrm{QG} + \mathrm{F_2Q} = 2a \quad \cdots\cdots \quad ②$$

である．一方，三角形の成立条件から

$$\mathrm{F_2G} < \mathrm{QG} + \mathrm{F_2Q} \quad \cdots\cdots \quad ③$$

である．②と③は矛盾している．

よって，①は誤りで，m と l は一致する．

■

※　計算による証明も紹介しておく．

$\mathrm{P}(a\cos\theta, \ b\sin\theta)$ とおける．接線 l は

$$\frac{a\cos\theta}{a^2}x + \frac{b\sin\theta}{b^2}y = 1 \quad \therefore \ (b\cos\theta)x + (a\sin\theta)y - ab = 0$$

焦点は $\left(\pm\sqrt{a^2-b^2}, \ 0\right)$ である．$c = \sqrt{a^2-b^2}$ とおく．以下，複号は同順である．焦点から，l までの距離は

$$\frac{\left|\pm c \cdot b\cos\theta - ab\right|}{\sqrt{b^2\cos^2\theta + a^2\sin^2\theta}} = \frac{b(a \mp c \cdot \cos\theta)}{\sqrt{b^2\cos^2\theta + a^2\sin^2\theta}}$$

であり，P までの距離は

$$\sqrt{(a\cos\theta \mp c)^2 + b^2\sin^2\theta}$$
$$= \sqrt{a^2\cos^2\theta + b^2\sin^2\theta + c^2 \mp 2ac\cos\theta}$$
$$= \sqrt{c^2\cos^2\theta + a^2 \mp 2ac\cos\theta}$$
$$= \sqrt{(a \mp c\cos\theta)^2} = \left|a \mp c\cos\theta\right|$$
$$= a \mp c\cos\theta$$

である．これらにより，

$$\sin\angle \mathrm{F_1PH_1} = \sin\angle \mathrm{F_2PH_2} = \frac{b}{\sqrt{b^2\cos^2\theta + a^2\sin^2\theta}}$$

であり，$\angle \mathrm{F_1PH_1} = \angle \mathrm{F_2PH_2}$ が分かる．

問題 4-11

一般に，2次曲線 $ax^2+bxy+cy^2+dx+ey+f=0$ の点 (s, t) における接線 l の方程式は，次で与えられるという（補足で証明する）.

$$asx+\frac{b(sy+tx)}{2}+cty+\frac{d(x+s)}{2}+\frac{e(y+t)}{2}+f=0$$

(1) これを公式として覚えてミスなく適用するための方法を考えよ.

(2) (1)を用いて放物線 $y^2=4px$ の (s, t) における接線の公式を書け.

(3) 楕円 $E:\dfrac{(x-p)^2}{a^2}+\dfrac{(y-q)^2}{b^2}=1$ の点 (s, t) における接線 l の方程式を求めたい. 次の2通りの方法で考えよ.

ⅰ) E の方程式を展開することで，(1)の公式を当てはめよ.

ⅱ) 楕円 $\dfrac{x^2}{a^2}+\dfrac{y^2}{b^2}=1$ は, E を x 軸, y 軸方向にそれぞれ $-p$, $-q$ だけ平行移動して得られる. これの接線を利用して，接線 l の方程式を求めよ.

【ヒント】

公式の最初の項は，2次曲線の方程式において x^2 を xx と見て，その片方の x に接点の x 座標 s を代入した形である. 他の項はどうだろう？

(2)は，教科書に載っている公式であるが，一般公式の一部であると見ることができる. それを確認しよう.

(3)は楕円の接線の公式である. 原点が中心のものは教科書に載っている. 中心が原点でないときも，一般公式の一部であると見ることができる. また，平行移動によって捉えることもできる. 中心が原点になるように E を平行移動すると $\dfrac{x^2}{a^2}+\dfrac{y^2}{b^2}=1$ で，このときに (s, t) が移る点を考えよう.

この観点がなかった人は，改めて考えてみよう！

【解答・解説】

(1) 2次曲線の方程式を

$$a\boxed{x}x+\frac{b(\boxed{x}y+x\boxed{y})}{2}+c\boxed{y}y+\frac{d(x+\boxed{x})}{2}+\frac{e(y+\boxed{y})}{2}+f=0$$

と見て，□を付けた部分を接点の x，y 座標 s，t に書き換える．

(2) 放物線の方程式を $\boxed{y}y = 2p(x + \boxed{x})$ と見る．接線は以下の通り．

$$ty = 2p(x + s)$$

(3) i)

$$\frac{\boxed{x}x - p(x + \boxed{x}) + p^2}{a^2} + \frac{\boxed{y}y - q(y + \boxed{y}) + q^2}{b^2} = 1$$

であるから，接線 l の方程式は以下の通り．

$$\frac{sx - p(x + s) + p^2}{a^2} + \frac{ty - q(y + t) + q^2}{b^2} = 1$$

ii) $\dfrac{x^2}{a^2} + \dfrac{y^2}{b^2} = 1$ の $(s - p,\ t - q)$ における接線

$$\frac{(s - p)x}{a^2} + \frac{(t - q)y}{b^2} = 1$$

を平行移動することで，l の方程式は

$$\frac{(s - p)(x - p)}{a^2} + \frac{(t - q)(y - q)}{b^2} = 1$$

※ ii) の結果は，展開せずに $\dfrac{(\boxed{x} - p)(x - p)}{a^2} + \dfrac{(\boxed{y} - q)(y - q)}{b^2} = 1$ と見

て，(1) を適用したものになっていることに注意せよ．円の接線の公式

と同様である．　　　　　　　　　　　　　　　　　　　　　　■

※ x，y が媒介変数 θ で表されているとし，2 次曲線の方程式の両辺を θ
で微分すると

$$2ax\frac{dx}{d\theta} + b\left(\frac{dx}{d\theta}y + x\frac{dy}{d\theta}\right) + 2cy\frac{dy}{d\theta} + d\frac{dx}{d\theta} + e\frac{dy}{d\theta} = 0$$

$$\therefore\ \left(\frac{dx}{d\theta}, \frac{dy}{d\theta}\right) \cdot \left(ax + \frac{by}{2} + \frac{d}{2},\ \frac{bx}{2} + cy + \frac{e}{2}\right) = 0$$

で，$\left(as + \dfrac{bt}{2} + \dfrac{d}{2},\ \dfrac{bs}{2} + ct + \dfrac{e}{2}\right)$ が l と垂直なベクトルである．l は

$$\left(as + \frac{bt}{2} + \frac{d}{2}\right)(x - s) + \left(\frac{bs}{2} + ct + \frac{e}{2}\right)(y - t) = 0$$

$as^2 + bst + ct^2 + ds + et + f = 0$ を辺々に加えると，公式の形になる．

[問題 4-12]

極方程式 $r=\cos\theta$ が表す図形は，円 $x^2+y^2=x$ である．両辺に r をかけ，

$$r^2 = r\cos\theta \qquad \therefore \quad x^2+y^2=x$$

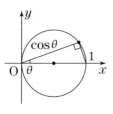

と変形すると分かる．$\theta=\dfrac{\pi}{2}$ で $r=0$ となるから，$r=\cos\theta$ の両辺に r をかけても元と同じ図形を表す．特に，$0<\theta<\dfrac{\pi}{2}$ の範囲の θ では，図のように直角三角形が見えて，円周上を動くことが分かる．

さらに，$(x,\ y)=r(\cos\theta,\ \sin\theta)$ とおくと，媒介変数表示になっており，

$$x=\cos^2\theta=\frac{1+\cos 2\theta}{2},\ y=\cos\theta\sin\theta=\frac{\sin 2\theta}{2}$$

$$\therefore \quad \left(x-\frac{1}{2}\right)^2+y^2=\frac{\cos^2 2\theta+\sin^2 2\theta}{4}=\frac{1}{4}$$

として，$x^2+y^2=x$ を導ける．$0\leqq\theta<2\pi$ を θ が動くとき，$0\leqq 2\theta<4\pi$ であるから，動点は円周上を 2 周すると分かる．

最後に，$r=\cos\theta\,(0\leqq\theta<2\pi)$ を θr 平面に図示すると，図のようになり，$\dfrac{\pi}{2}<\theta<\dfrac{3\pi}{2}$ の範囲（第 2，3 象限の角度）で，$r<0$ である．そのため，対応する点は，第 1，4 象限に現れる．

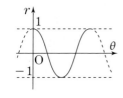

(1) $0\leqq\theta<2\pi$ の範囲の θ で，点 $\left(\dfrac{1}{2},\ \dfrac{1}{2}\right)$ に対応するものを求めよ．

(2) 極方程式 $r=|\cos\theta|$ および $r=\sin\theta$ が表す図形として適するものを下の ⓪ ～ ⑥ から選べ．

(3) 極方程式 $r=\cos 2\theta$ および $r=\cos 3\theta$ が表す図形として適するものを下の ⓪ ～ ⑥ からそれぞれ選べ．

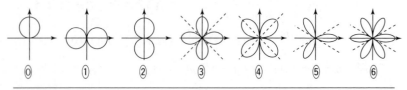

⓪　　　　　①　　　　　②　　　　　③　　　　　④　　　　　⑤　　　　　⑥

【ヒント】

θ の範囲と r の正負に注意しよう．ある θ で $r < 0$ となっているときは，極座標が $(-r,\ \theta+\pi)$ の点を表している．

この観点がなかった人は，改めて考えてみよう！

【解答・解説】

(1) $\theta = \dfrac{\pi}{4}$ は適する．$0 \leqq \theta < 2\pi$ の範囲では，

$$\frac{5\pi}{4} = \frac{\pi}{4} + \pi,\ \cos\frac{5\pi}{4} = -\frac{1}{\sqrt{2}}$$

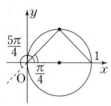

より，$\theta = \dfrac{5\pi}{4}$ も適する（$\cos 2\theta = 0$，$\sin 2\theta = 1$ を解いても良い）．

(2) $\dfrac{\pi}{2} < \theta < \dfrac{3\pi}{2}$ の θ について $r = -\cos\theta > 0$ であり，$r = \cos\theta$ を原点に関して対称移動して得られる円を表す．適する図は，① である．

$r = \sin\theta$ については，$r = \cos\left(\theta - \dfrac{\pi}{2}\right)$ である．θ を $\theta - \dfrac{\pi}{2}$ に変えることは，直交座標では平行移動に相当するが，極座標の偏角では回転になる．$r = \cos\theta$ を原点のまわりに $\dfrac{\pi}{2}$ だけ回転して得られる ⓪ である．

(3) いずれも，$\theta = 0$ のとき，$r = 1$ である．$r = \cos 2\theta$，$r = \cos 3\theta$ の符号は上の図のようになる．

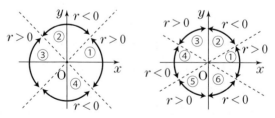

$r = \cos 2\theta$ では，②（④）の角度に対応する点が④（②）の部分に現れる．適するのは ③ である．

$r = \cos 3\theta$ では，②，④，⑥の角度に対応する点が⑤，①，③の部分に現れる．適するのは ⑤ である（$0 \leqq \theta < 2\pi$ で動点はこれを2周する）．

■

$x = r\cos\theta$, $y = r\sin\theta$ を用いて，極方程式

$$r = 2 - \cos\theta \quad \cdots\cdots \quad ①$$

を直交座標の方程式に変えたい．両辺に r をかけ，

$$r^2 = 2r - r\cos\theta \quad \therefore \quad x^2 + y^2 + x = 2r \quad \cdots\cdots \quad ②$$

となる．さらに，両辺を 2 乗すると，

$$(x^2 + y^2 + x)^2 = 4(x^2 + y^2) \quad \cdots\cdots \quad ③$$

となる．この変形は正しいものだろうか？

(1) $0 \leqq \theta < 2\pi$ の範囲の θ について，①を θr 平面に図示せよ．

(2) r は常に正の値をとる．①と②は同値か？

(3) ③を極方程式に変えてみよう．$x = r\cos\theta$, $y = r\sin\theta$ を代入して，

$$r^2(r + \cos\theta)^2 = 4r^2$$

$$\therefore \quad r = 0 \quad または \quad r = 2 - \cos\theta \quad または \quad r = -2 - \cos\theta$$

を得る．極方程式 $r = -2 - \cos\theta$ が①と同じ曲線を表すことを確認せよ．

(4) ①を表す直交座標の方程式であるものを，③〜⑤からすべて選べ．

③ $(x^2 + y^2 + x)^2 = 4(x^2 + y^2)$

④ $\dfrac{(x^2 + y^2 + x)^2}{x^2 + y^2} = 4$ 　　　⑤ $\dfrac{4(x^2 + y^2)}{(x^2 + y^2 + x)^2} = 1$

【ヒント】

実数 A, B, C について，

「$AC = BC \iff A = B$ または $C = 0$」

「$A^2 = B^2 \iff A = B$ または $A = -B$」

であることに注意しよう．

(3) では，$r < 0$ も認めた極座標において $(r, \theta) = (-r, \theta + \pi)$ であることを利用しよう．これは，

$$-r\cos(\theta + \pi) = r\cos\theta, \quad -r\sin(\theta + \pi) = r\sin\theta$$

という意味である．

④，⑤は，③から分母が 0 になる点 (x, y) を除外した図形を表す．

この観点がなかった人は，改めて考えてみよう！

【解答・解説】

(1) ①を θr 平面に図示すると右のようになる.

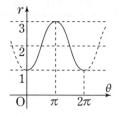

(2) ①はどんな θ でも $r=0$ とならない.

$r^2 = 2r - r\cos\theta$ は

$$r = 2 - \cos\theta \quad または \quad r = 0$$

と同値であり, ①と同値ではない.

※ 前問のように, ある θ で $r=0$ になる場合は, r をかけても同値である.

(3) 極方程式 $r = -2 - \cos\theta$ は, $r<0$ も認めた極座標 $(-2-\cos\theta,\ \theta)$ で表される点全体の集合を表す. それは, θ を $\theta+\pi$ に変えた点

$$(-2-\cos(\theta+\pi),\ \theta+\pi) \quad \cdots\cdots \quad ⑥$$

全体の集合と同じである. $(-r,\ \theta+\pi)=(r,\ \theta)$ に注意すると, ⑥は

$$⑥ = (-2+\cos\theta,\ \theta+\pi) = (2-\cos\theta,\ \theta)$$

であるから, $r = -2 - \cos\theta$ は極方程式①と同じ曲線を表す.

(4) (3) より, ①は,

$$③ \quad かつ \quad (x,\ y) \neq (0,\ 0)$$

と同値である. ①と③は同値でない. ④はこれと同値である. ⑤は

$$③ \quad かつ \quad x^2 + y^2 + x \neq 0$$

である.「③ かつ $x^2+y^2+x=0$」は $(x,\ y)=(0,\ 0)$ と同値だから, ⑤も①と同値である. 以上から, ④, ⑤が適する.

∎

※ 実は「② $\iff$ ③」である. ③は

$$x^2 + y^2 + x = 2\sqrt{x^2+y^2}$$

または $\quad x^2 + y^2 + x = -2\sqrt{x^2+y^2}$

であり, 前者は②である. では, 後者は?

$\sqrt{x^2+y^2} \geqq |x| \geqq -x$ より, $\sqrt{x^2+y^2} \neq 0$ のとき,

$$x^2 + y^2 + x + 2\sqrt{x^2+y^2} > 0$$

で, 不成立である. 後者は $(x,\ y)=(0,\ 0)$ を表す. これは②を満たすから,「② $\iff$ ③」である.

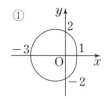

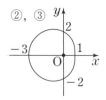

4 数学BC−④：平面上の曲線と複素数平面

ここから後半である.

数学 BC −④のうち「複素数平面」で扱う概念は以下の通りである.

□複素数平面

　　・複素数平面　・複素数の実数倍　・複素数の加法, 減法

　　・共役な複素数　・絶対値と 2 点間の距離

□複素数の極形式と乗法, 除法

□ド・モアブルの定理

□複素数と図形

　　・線分の内分点, 外分点　・方程式の表す図形　・半直線のなす角

複素数の解法を考えるときの観点としては,

1) 実部, 虚部

2) 絶対値と共役複素数

3) 極形式

4) 図形的解釈

の 4 つが挙げられる. それぞれの特徴を把握し, 問題解決法をイメージできるようにしよう. 4 つの観点を特に強調していきたい.

222

【複素数平面】

問題 4-14

複素数 z は $\overline{z} = 2z$ を満たしているという. そのような z を求めたい.

(1) 実数 x, y を用いて $z = x + yi$ とおくことで, z を求めよ.

(2) $\overline{z} = 2z$ の両辺の共役複素数も等しい. これを利用して z を求めよ.

(3) z の絶対値 $|z|$ に注目することで, z を求めよ.

(4) 0 でない異なる複素数 α を 1 つとる. α, 2α, $\overline{\alpha}$ が表す点を順に A, B, C とする.

α が実数のとき, A と C は一致する. α が実数でないとき, 線分 AC の垂直二等分線は ① であり, また, 原点 O と A, C の 3 点が同一直線上にあるのは, α が ② のときである.

また, 原点 O と A, B の 3 点は必ず同一直線上にあり, O は線分 AB を ③ に外分する点である.

これを利用して, $\overline{z} = 2z$ を満たす z を求めよ.

問題 4-15

複素数 z は $\overline{z} = 2z - 4 + 3i$ を満たしているという. そのような z を求めたい. 実数 x, y を用いて $z = x + yi$ とおくことで, z を求めよ.

問題 4-16

複素数 z は $\overline{z} = 2z - 4 + 3i$ を満たしているという. そのような z を求めたい. 両辺の共役複素数が等しくなることを利用して, $z + \overline{z}$ と $z - \overline{z}$ を求め, さらに z を求めよ.

問題 4-17

　複素数 z は $\bar{z} = 2z - 4 + 3i$ を満たしているという．そのような z を求めたい．

　複素数 0 は絶対値が 0 で，偏角は定義されない．いま考える z は $z \neq 0$ であるから，正の実数 r と $0 \leqq \theta < 2\pi$ を満たす実数 θ を用いて

$$z = r(\cos\theta + i\sin\theta)$$

と表すことができる．r, $\cos\theta$, $\sin\theta$ を求めよ．

問題 4-18

　複素数 z は $\bar{z} = 2z - 4 + 3i$ を満たしているという．

　z, $\bar{z}$, $2z$, $-4 + 3i$ が表す点を順に P，Q，R，A とする．$\overrightarrow{OR} = 2\overrightarrow{OP}$ である．$\bar{z} = 2z - 4 + 3i$ をベクトルで書き直すと，あるベクトルが $\overrightarrow{OA}$ と等しいという意味である．そのベクトル $\overrightarrow{x}$ を P，Q，R で表せ．

　ここまでの問題で求めてきたように，$z = 4 - i$ である．複素数平面上に 3 点 P，Q，R を図示し，$\overrightarrow{x} = \overrightarrow{OA}$ となっていることを確認せよ．

問題 4-19

$\dfrac{1+i}{1-i}$ を $a+bi$ (a, b は実数) の形にしたい.

(1) $1+i=\alpha$ とおく. $\dfrac{1+i}{1-i}$ を表すものとして適当なものを次から選び, $a+bi$ (a, b は実数) の形で表せ.

⓪ $\dfrac{\alpha^2}{\overline{\alpha}^2}$ ① $\dfrac{\overline{\alpha}^2}{\alpha^2}$ ② $\dfrac{\alpha^2}{|\alpha|^2}$ ③ $\dfrac{\overline{\alpha}^2}{|\alpha|^2}$

(2) 正の実数 r と $0\leqq\theta<2\pi$ を満たす実数 θ を用いて
$$\alpha=r(\cos\theta+i\sin\theta)$$
と表す. r, θ を求め, $\dfrac{1+i}{1-i}$ を $a+bi$ (a, b は実数) の形で表せ.

(3) 座標平面上に点 A(1, 1), B(1, -1) をとる. 三角形 OAB に注目することで, $\dfrac{1+i}{1-i}$ を $a+bi$ (a, b は実数) の形で表せ.

(4) 複素数平面上に 1, i, $-i$ が表す点をそれぞれ P, Q, R とする. 三角形 PQR に注目することで, $\dfrac{1+i}{1-i}$ を $a+bi$ (a, b は実数) の形で表せ.

問題 4-20

複素数平面上で, 3 点 A(α), B(β), C(γ) を頂点とする $\triangle$ABC と 3 点 A′(α'), B′(β'), C′(γ') を頂点とする $\triangle$A′B′C′ について考える.

(1) $\dfrac{\gamma-\alpha}{\beta-\alpha}=\dfrac{\gamma'-\alpha'}{\beta'-\alpha'}$ ならば $\triangle$ABC ∞ $\triangle$A′B′C′ であることを示せ.

(2) $\triangle$ABC ∞ $\triangle$A′B′C′ ならば $\dfrac{\gamma-\alpha}{\beta-\alpha}=\dfrac{\gamma'-\alpha'}{\beta'-\alpha'}$ であるか.

問題 4-21

複素数 α, β が $\alpha+\beta=1$, $|\alpha|=|\beta|=1$ を満たすとき, $\alpha^2+\beta^2$ の値を求めたい. $\alpha+\beta=1$ の右辺の1は複素数としての1で, $1+0i$ と見る. 一方, 絶対値は実数であるから, こちらは実数としての1である. 「絶対値が1」という条件をどう使うかにより, 様々な解法が考えられる.

(1) 実数 x, y, p, q を用いて $\alpha=x+yi$, $\beta=p+qi$ とおき, $\alpha^2+\beta^2$ を求めよ.

(2) $\alpha+\beta$ が実数であるから, 共役複素数 $\overline{\alpha}$, $\overline{\beta}$ に関する関係式を作ることができる. これらを踏まえて, $\alpha^2+\beta^2$ を求めよ.

(3) $|\alpha|=|\beta|=1$ のとき, α, β の偏角 θ, φ $(0\leqq\theta, \varphi<2\pi)$ を用いて
$$\alpha^2+\beta^2=2\cos(\theta-\varphi)(\cos(\theta+\varphi)+i\sin(\theta+\varphi))$$
と表されることを示せ. また, $\alpha+\beta=1$ を利用して $\cos\theta$ を求めることにより, $\alpha^2+\beta^2$ を求めよ.

(4) 複素数平面上で α, β が表す点を A, B とおく. 線分 AB の中点 M を表す複素数を求めることで, $\alpha^2+\beta^2$ を求めよ.

問題 4-22

$|z|=1$ であり, $z(z+1)$ が実数であるような複素数 z について考える.

(1) 実数 x, y を用いて $z=x+yi$ とおくことにより, z を求めよ.

(2) $\overline{z}$ を z で表すことにより, z が満たす4次方程式を作ることができる. その方程式を解くことで, z を求めよ.

(3) z の偏角を θ $(0\leqq\theta<2\pi)$ とおく. $z+1=2\cos\dfrac{\theta}{2}\left(\cos\dfrac{\theta}{2}+i\sin\dfrac{\theta}{2}\right)$ と表せることを示せ. これを利用して θ を求めよ.

(4) 単位円上で, z, z^2 が表す点 P, Q の位置関係を考えることで, z を求めよ.

問題 4-23

xy 平面の直線 $y=x+1$ を複素数 $z=x+yi$ を用いて表すことを考える.

(1) x, y を z と $\overline{z}$ を用いて表せ. それを利用して, $y=x+1$ を z と $\overline{z}$ の方程式として表せ.

(2) 直線 $y=x+1$ 上には点 A$(-1, \ 0)$ がある. $z \neq -1$ のとき, $z+1$ の偏角を求めよ（ただし, 偏角は 0 以上 2π 未満のものを答えよ）. 求めた偏角のうち最も小さいものを θ とすると, 実数 t を用いて

$$z+1=t(\cos\theta+i\sin\theta) \quad \cdots\cdots \quad ①$$

と表すことができる. ①の式の意味を, 媒介変数 t を用いた「直線のベクトル方程式」の観点から説明せよ.

(3) B$(-1, \ 1)$ とすると, 直線 $y=x+1$ は線分 OB の垂直二等分線である. このことを利用して, z が満たす方程式を作れ. また, それが (1) の方程式と一致することを確認せよ.

問題 4-24

xy 平面で原点 O ではない異なる 2 点 A$(a, \ b)$, B$(c, \ d)$ があるとする. A, B を表す複素数を α, β とする. このとき, $\overrightarrow{\text{OA}} \cdot \overrightarrow{\text{OB}}$, $\triangle\text{OAB}$ を表すものとして適当なものを次から選べ.

⓪ $\dfrac{\alpha\beta+\overline{\alpha}\overline{\beta}}{2}$　　① $\dfrac{\alpha\overline{\beta}+\overline{\alpha}\beta}{2}$　　② $\dfrac{\left|\alpha\overline{\beta}-\overline{\alpha}\beta\right|}{4}$　　③ $\dfrac{\left|\alpha\beta-\overline{\alpha}\overline{\beta}\right|}{4}$

問題 4-25

(1) A(α) を原点 O とは異なる点とする．$|z|=2|z-\alpha|$ を満たす z が表す点 P(z) の軌跡は円 C である．通常は，両辺を 2 乗して

$$z\bar{z}=4(z-\alpha)(\bar{z}-\bar{\alpha}) \quad \cdots\cdots \quad ①$$

$$z\bar{z}-\frac{4}{3}\bar{\alpha}z-\frac{4}{3}\alpha\bar{z}+\frac{4}{3}|\alpha|^2=0 \quad \therefore \quad \left|z-\frac{4}{3}\alpha\right|^2=\frac{4}{9}|\alpha|^2$$

と式変形する．少し違うアプローチをしてみよう．

円 C と直線 OA の交点 B，C を考える．これらの点を表す z は，実数 t を用いて $z=t\alpha$ とおける．t の値を求めよ．

円 C は線分 BC を直径とする円で，P(z) は $\overrightarrow{\mathrm{BP}}\cdot\overrightarrow{\mathrm{CP}}=0$ を満たして動く．これが①と同じであることを確かめよ（前問の結果を用いてよい）．

(2) O，A(α)，B(β) を頂点とする三角形は 1 辺の長さが 1 の正三角形であるとする．

$$|z|^2+|z-\alpha|^2+|z-\beta|^2=2 \quad \cdots\cdots \quad ②$$

を満たす z が表す点 P(z) の軌跡を考えたい．$z=x+yi$ （x, y は実数）とおいて②に代入すると，

$$3(x^2+y^2)+ax+by+c=0$$

という形になる（確認しなくてよい）．②を満たす z を 3 つ挙げ，②が円を表すことを確認せよ．また，②はどのような円であるかを答えよ．

問題 4-26

以下は，a, b が複素数とすると誤りであるが，a, b が実数とすると正しい．

(ア) $|a+bi|^2=a^2+b^2$

(イ) 2 次方程式 $x^2-ax+b=0$ が $x=\alpha$ を解にもつとき，$x=\bar{\alpha}$ も解である．

(1) a, b が複素数のとき，$|a+bi|^2$ を正しく計算したものを，a, b, $\bar{a}$, $\bar{b}$ を用いて表せ．また，その式が a, b が実数のときに a^2+b^2 と一致することを確かめよ．

(2) a, b が実数のとき，(イ)が正しいことを証明せよ．

問題 4-14

複素数 z は $\bar{z} = 2z$ を満たしているという.そのような z を求めたい.

(1) 実数 x, y を用いて $z = x + yi$ とおくことで,z を求めよ.

(2) $\bar{z} = 2z$ の両辺の共役複素数も等しい.これを利用して z を求めよ.

(3) z の絶対値 $|z|$ に注目することで,z を求めよ.

(4) 0 でない異なる複素数 α を 1 つとる.α, 2α, $\bar{\alpha}$ が表す点を順に A,B,C とする.

α が実数のとき,A と C は一致する.α が実数でないとき,線分 AC の垂直二等分線は ① であり,また,原点 O と A,C の 3 点が同一直線上にあるのは,α が ② のときである.

また,原点 O と A,B の 3 点は必ず同一直線上にあり,O は線分 AB を ③ に外分する点である.

これを利用して,$\bar{z} = 2z$ を満たす z を求めよ.

【ヒント】

1 つの問題を 4 つの観点のそれぞれで考えることで,複素数のイメージを強化したい.

(1) は,実部と虚部がともに等しくなる条件を考える.

(2) は,式を 2 つ作ることで,z と $\bar{z}$ の連立方程式となる.

(3) は,$|\bar{z}|$ が $|z|$ と等しいことを利用せよ.

(4) は,①,②では共役複素数の一般的な性質,③では 2 倍の意味を図で説明することになる.最後は背理法で考えることになるだろう.

この観点がなかった人は,改めて考えてみよう!

【解答・解説】

(1)
$$x - yi = 2(x + yi)$$
であるから,
$$x = 2x, \ -y = 2y \qquad \therefore \quad x = y = 0$$

であり，$z=0$ である．

(2) $\overline{z}=2z$ の両辺の共役複素数は等しいから，$z=2\overline{z}$ である．よって，
$$z=4z \qquad \therefore \quad z=0 \quad (\text{必要})$$
であり，$z=0$ は $\overline{z}=2z$ を満たす（十分）．よって，$z=0$ である．

(3) $|\overline{z}|=|z|$ である．$\overline{z}=2z$ の両辺の絶対値は等しいから，
$$|z|=2|z| \qquad \therefore \quad |z|=0$$
である（必要）．これは，$z=0$ ということである．$z=0$ は $\overline{z}=2z$ を満たすので，十分である．よって，$z=0$ である．

(4) $C(\overline{\alpha})$ は $A(\alpha)$ の実軸に関する対称点である．$A \neq C$ とすると，線分 AC の垂直二等分線は① 実軸（x 軸）である．

また，O，A，C が同一直線上にあるとき，その直線は虚軸（y 軸）であるから，それは α が② 純虚数のときである．

$B(2\alpha)$ については $\overrightarrow{OB}=2\overrightarrow{OA}$ であるから，O は線分 AB を③ $1:2$ に外分する点である．

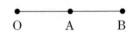

$z=0$ であることを示したい．背理法で示す．$z \neq 0$ と仮定する．

$\alpha=z$ とする．$\overline{z}=2z$ は $B=C$ ということである．

O，A，B が同一直線上にあるから，O，A，C が同一直線上にあることになる．すると，z は純虚数であり，$\overline{z}=-z$ である．よって，
$$-z=2z \qquad \therefore \quad z=0$$
となり，これは仮定に反する．

よって，$z=0$ である． ■

※ 本章冒頭に挙げた4つの観点の違いを意識してもらいたい．

(2) では，「元の式」と「共役の式」の連立方程式になったのが面白い．しかし，代入して得られた $z=4z$ は，必要条件になっている．連立方程式なのだから，
$$\overline{z}=0$$
も求めておき，「$z=0$」と「$\overline{z}=0$」を両立する $z=0$ が求まる．

もっと明確で簡単な例でいうと，

$$z = 1 + 2i \iff z = 1 + 2i \quad かつ \quad \bar{z} = 1 - 2i$$

であるが，この2つから

$$z + \bar{z} = 2$$

を導くと，必要条件になってしまう．

$$z - \bar{z} = 4i$$

も合わせて考えておく必要がある．

先ほどの問題では，

$$\bar{z} = 2z \iff \bar{z} = 2z \quad かつ \quad z = 2\bar{z}$$

であり，和と差を考えて，

$$z + \bar{z} = 2(z + \bar{z}), \quad z - \bar{z} = -2(z - \bar{z})$$

$$\therefore \quad z + \bar{z} = 0, \quad z - \bar{z} = 0$$

である．これは，z の実部と虚部が 0 であることを意味しており，

$$z = 0 + 0i \quad \therefore \quad z = 0$$

である．こうすれば，必要十分条件として議論できていたことになる．

(3) でも，部分的に条件を使ったため，逆証を書くことになった．

(4) の背理法の部分は，線分 AB の外分点が，線分 AB の垂直二等分線上にはないことなどを用いて矛盾を導くこともできる．各自試みよ．

続く4問は，同じ問を4つの観点のそれぞれで解いていく．

複素数 z は $\bar{z}=2z-4+3i$ を満たしているという．そのような z を求めたい．実数 x, y を用いて $z=x+yi$ とおくことで，z を求めよ．

【解答・解説】

$\bar{z}=2z-4+3i$ となる $z=x+yi$ は

$$x-yi=2(x+yi)-4+3i$$
$$x=2x-4, \ -y=2y+3$$
$$x=4, \ y=-1$$
$$\therefore \ z=4-i$$

■

※ 実部と虚部を文字でおくと，これくらいの問題は確実に解ける．
　　残り 3 つの観点でも z を求めていこう．

※ 参考に，前問の結果に帰着させる解法も紹介しておく．

$$\bar{z}=2z-4+3i$$
$$\bar{z}-4=2(z-4)+3i$$
$$\bar{z}-4-i=2(z-4)+2i$$
$$\overline{z-4+i}=2(z-4+i)$$

前問より

$$z-4+i=0$$
$$\therefore \ z=4-i$$

複素数 z は $\bar{z}=2z-4+3i$ を満たしているという．そのような z を求めたい．両辺の共役複素数が等しくなることを利用して，$z+\bar{z}$ と $z-\bar{z}$ を求め，さらに z を求めよ．

【ヒント】

問題 4-14 の (2) のように $\bar{z}$ を消去しても良いが，少し違う方法も考えてみよう．観点 2) では $z+\bar{z}$, $z-\bar{z}$, $z\bar{z}$ が重要である．

この観点がなかった人は，改めて考えてみよう！

【解答・解説】

z は

$$\bar{z}=2z-4+3i \quad \cdots\cdots \quad ①$$

を満たしているから，両辺の共役も等しく，

$$z=2\bar{z}-4-3i \quad \cdots\cdots \quad ②$$

が成り立つ．①と②の両辺の和，差を考えると

$$z+\bar{z}=2(z+\bar{z})-8 \quad \therefore \quad z+\bar{z}=8 \quad \cdots\cdots \quad ③$$

$$z-\bar{z}=-2(z-\bar{z})-6i \quad \therefore \quad z-\bar{z}=-2i \quad \cdots\cdots \quad ④$$

である．③，④から z の実部と虚部が分かり，

$$z=4-i$$

■

※
$$z+\bar{z}=(z \text{ の実部}) \times 2$$
$$z-\bar{z}=(z \text{ の虚部}) \times 2i$$
$$z\bar{z}=|z|^2$$

が観点 2) では大事である．③と④から即座に $z=4-i$ としても良い．

以下，観点 2) での注意点を少し述べておく．

実数では $z^2=|z|^2$ だが，複素数では違う．z が実数である条件は

$$(z \text{ の虚部})=0 \quad \text{つまり} \quad \bar{z}=z$$

であるから，$z\bar{z}=|z|^2$ は z が実数のときも，もちろん成り立っている．

233

複素数 z は $\bar{z} = 2z - 4 + 3i$ を満たしているという. そのような z を求めたい.

複素数 0 は絶対値が 0 で, 偏角は定義されない. いま考える z は $z \neq 0$ であるから, 正の実数 r と $0 \leqq \theta < 2\pi$ を満たす実数 θ を用いて

$$z = r(\cos\theta + i\sin\theta)$$

と表すことができる. r, $\cos\theta$, $\sin\theta$ を求めよ.

【解答・解説】

$$\bar{z} = r(\cos\theta - i\sin\theta)$$

であるから,

$$r(\cos\theta - i\sin\theta) = 2r(\cos\theta + i\sin\theta) - 4 + 3i$$

$$r\cos\theta = 4, \ r\sin\theta = -1$$

である. $\sin^2\theta + \cos^2\theta = 1$ であるから,

$$r^2 = 16 + 1 \qquad \therefore \quad r = \sqrt{17}$$

であり,

$$\cos\theta = \frac{4}{\sqrt{17}}, \ \sin\theta = \frac{-1}{\sqrt{17}}$$

■

※ r, $\cos\theta$, $\sin\theta$ から $z = 4 - i$ が分かるが, $r\cos\theta = 4$, $r\sin\theta = -1$ の時点で求まっている. この問題で極形式を利用する意味はなかった.

極形式が実力を発揮するのは, 積や商を考えるときである.

【問題 4-18】

複素数 z は $\bar{z} = 2z - 4 + 3i$ を満たしているという.

z, $\bar{z}$, $2z$, $-4 + 3i$ が表す点を順に P, Q, R, A とする. $\overrightarrow{\mathrm{OR}} = 2\overrightarrow{\mathrm{OP}}$ である. $\bar{z} = 2z - 4 + 3i$ をベクトルで書き直すと, あるベクトルが $\overrightarrow{\mathrm{OA}}$ と等しいという意味である. そのベクトル $\vec{x}$ を P, Q, R で表せ.

ここまでの問題で求めてきたように, $z = 4 - i$ である. 複素数平面上に 3 点 P, Q, R を図示し, $\vec{x} = \overrightarrow{\mathrm{OA}}$ となっていることを確認せよ.

【解答・解説】

$\bar{z} = 2z - 4 + 3i$ をベクトルで書き換えると

$$\overrightarrow{\mathrm{OQ}} = \overrightarrow{\mathrm{OR}} + \overrightarrow{\mathrm{OA}} \quad \therefore \quad \overrightarrow{\mathrm{RQ}} = \overrightarrow{\mathrm{OA}}$$

である. $\vec{x} = \overrightarrow{\mathrm{RQ}}$ である.

$z = 4 - i$ のとき, 3 点 P, Q, R を図示すると次のようになる.

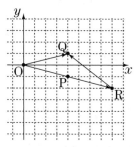

$\overrightarrow{\mathrm{OA}} = (-4, \ 3)$ であるから, 確かに $\overrightarrow{\mathrm{RQ}} = \overrightarrow{\mathrm{OA}}$ である. ■

※ 和, 差を図形化することは, ベクトルを考えることと同じである. 複素数ならではの性質が現れるのは, 極形式を利用して積, 商を図形化するときである.

次は, 商を 4 つの観点で見ていこう.

問題 4-19

$\dfrac{1+i}{1-i}$ を $a+bi$（$a,\ b$ は実数）の形にしたい.

(1) $1+i=\alpha$ とおく. $\dfrac{1+i}{1-i}$ を表すものとして適当なものを次から選び，$a+bi$（$a,\ b$ は実数）の形で表せ.

⓪ $\dfrac{\alpha^2}{\overline{\alpha}^2}$ ① $\dfrac{\overline{\alpha}^2}{\alpha^2}$ ② $\dfrac{\alpha^2}{|\alpha|^2}$ ③ $\dfrac{\overline{\alpha}^2}{|\alpha|^2}$

(2) 正の実数 r と $0 \leqq \theta < 2\pi$ を満たす実数 θ を用いて
$$\alpha = r(\cos\theta + i\sin\theta)$$
と表す. $r,\ \theta$ を求め，$\dfrac{1+i}{1-i}$ を $a+bi$（$a,\ b$ は実数）の形で表せ.

(3) 座標平面上に点 $\mathrm{A}(1,\ 1)$, $\mathrm{B}(1,\ -1)$ をとる. 三角形 OAB に注目することで，$\dfrac{1+i}{1-i}$ を $a+bi$（$a,\ b$ は実数）の形で表せ.

(4) 複素数平面上に $1,\ i,\ -i$ が表す点をそれぞれ P, Q, R とする. 三角形 PQR に注目することで，$\dfrac{1+i}{1-i}$ を $a+bi$（$a,\ b$ は実数）の形で表せ.

【ヒント】

$$\frac{1+i}{1-i} = \frac{(1+i)^2}{(1-i)(1+i)} = \frac{1+2i-1}{1+1} = i$$

である.（1）はこれを共役複素数，絶対値で表すことになる.

（2）では，商の絶対値，偏角の性質を思い出そう.

（3），（4）では，商が三角形の形状を決めることを思い出す.（4）では少し変形することで三角形 PQR の形状を表すものと見ることができる.

この観点がなかった人は，改めて考えてみよう！

【解答・解説】

(1) $1-i=\overline{\alpha}$ であるから

$$\frac{1+i}{1-i}=\frac{\alpha}{\overline{\alpha}}=\frac{\alpha^2}{\alpha\overline{\alpha}}=\frac{\alpha^2}{|\alpha|^2}\quad (②)$$

である.

$$\alpha^2=1+2i-1=2i,\ |\alpha|^2=|\alpha^2|=|2i|=2$$

より, $\dfrac{1+i}{1-i}=i$ である.

(2) $$\alpha=\sqrt{2}\Big(\frac{1}{\sqrt{2}}+\frac{i}{\sqrt{2}}\Big)=\sqrt{2}\Big(\cos\frac{\pi}{4}+i\sin\frac{\pi}{4}\Big)$$

$$\therefore\quad r=\sqrt{2}\,,\ \theta=\frac{\pi}{4}$$

である. よって,

$$\left|\frac{\alpha}{\overline{\alpha}}\right|=1,\ \arg\frac{\alpha}{\overline{\alpha}}=\frac{\pi}{4}-\Big(-\frac{\pi}{4}\Big)=\frac{\pi}{2}$$

$$\therefore\quad \frac{\alpha}{\overline{\alpha}}=1\Big(\cos\frac{\pi}{2}+i\sin\frac{\pi}{2}\Big)=i$$

である. あるいは, (1) の ② を利用する.

$$\arg(\alpha^2)=2\cdot\frac{\pi}{4}=\frac{\pi}{2}$$

$$\therefore\quad \frac{\alpha^2}{|\alpha|^2}=\frac{|\alpha|^2}{|\alpha|^2}\Big(\cos\frac{\pi}{2}+i\sin\frac{\pi}{2}\Big)=i$$

(3) A, B を表す複素数が順に $\alpha,\ \overline{\alpha}$ である.

三角形 OAB は図のような直角二等辺三角形である.

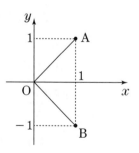

$$\frac{1+i}{1-i}=\frac{\alpha-0}{\overline{\alpha}-0}$$

であるから,

$$\left|\frac{\alpha-0}{\overline{\alpha}-0}\right|=\frac{\mathrm{OA}}{\mathrm{OB}}=1$$

$$\arg\frac{\alpha-0}{\overline{\alpha}-0}=\angle\overline{\alpha}0\alpha=\frac{\pi}{2}\quad \text{(この表記のことは補足を見よ)}$$

$$\therefore\quad \frac{\alpha-0}{\overline{\alpha}-0}=i$$

(4) 三角形 PQR は図のような直角二等辺三
角形である.

$$\frac{1+i}{1-i} = \frac{-i-1}{i-1}$$

と変形すると，P(1) を中心として三角形の
形状を捉えることができる.

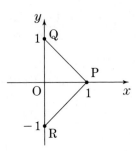

$$\left|\frac{-i-1}{i-1}\right| = \frac{PR}{PQ} = 1$$

$$\arg\frac{-i-1}{i-1} = \angle i 1(-i) = \frac{\pi}{2}$$

$$\therefore \quad \frac{-i-1}{i-1} = i$$

■

※ 複素数の分数で三角形の形状を表すことができる.

複素数平面上で A(α), B(β), C(γ) とするとき，商 $\frac{\gamma-\alpha}{\beta-\alpha}$ は A を中
心として三角形 ABC の形状を表している. 分母，分子がそれぞれベク
トル $\overrightarrow{AB}$, $\overrightarrow{AC}$ に対応している. 絶対値と偏角が

$$\left|\frac{\gamma-\alpha}{\beta-\alpha}\right| = \frac{AC}{AB}, \ \arg\frac{\gamma-\alpha}{\beta-\alpha} = \angle\beta\alpha\gamma$$

を表している. ここで注意すべきは，複素数独特の表現 $\angle\beta\alpha\gamma$ である.
これは，$\angle$BAC ではなく，回転の向きも考慮したものである. つまり，
ベクトル $\overrightarrow{AB}$ をベクトル $\overrightarrow{AC}$ の向きにする反時計周りの回転角である.
位置関係により

$$\angle\beta\alpha\gamma = \angle BAC \quad または \quad \angle\beta\alpha\gamma = -\angle BAC$$

の一方の値をとる.

内積で利用した 2 ベクトルのなす角は，向きを考えず，$\angle$BAC であっ
た. なす角と偏角との違いを比較しておきたい.

　複素数平面上で，3 点 A(α)，B(β)，C(γ) を頂点とする △ABC と 3 点 A′(α')，B′(β')，C′(γ') を頂点とする △A′B′C′ について考える.

(1)　$\dfrac{\gamma-\alpha}{\beta-\alpha}=\dfrac{\gamma'-\alpha'}{\beta'-\alpha'}$ ならば △ABC ∽ △A′B′C′ であることを示せ.

(2)　△ABC ∽ △A′B′C′ ならば $\dfrac{\gamma-\alpha}{\beta-\alpha}=\dfrac{\gamma'-\alpha'}{\beta'-\alpha'}$ であるか.

【ヒント】

　前問解説の最後の部分を参照せよ. 複素数での偏角は，ベクトルでのなす角とは違うことを注意せよ.

　この観点がなかった人は，改めて考えてみよう！

【解答・解説】

(1)　$\dfrac{\gamma-\alpha}{\beta-\alpha}=\dfrac{\gamma'-\alpha'}{\beta'-\alpha'}$ のとき,

$$\left|\frac{\gamma-\alpha}{\beta-\alpha}\right|=\left|\frac{\gamma'-\alpha'}{\beta'-\alpha'}\right|,\ \arg\frac{\gamma-\alpha}{\beta-\alpha}=\arg\frac{\gamma'-\alpha'}{\beta'-\alpha'}$$

$$\therefore\quad \frac{AC}{AB}=\frac{A'C'}{A'B'},\ \angle\beta\alpha\gamma=\angle\beta'\alpha'\gamma'$$

であるから，△ABC ∽ △A′B′C′ である.

(2)　(1) での考察から，$\dfrac{\gamma-\alpha}{\beta-\alpha}=\dfrac{\gamma'-\alpha'}{\beta'-\alpha'}$ のとき，2 つの三角形は相似で，しかも，頂点の並び順も等しい（つまり，平行移動・回転移動・拡大縮小で移り合う）. 対称移動で移るものは含まれていない.

　$\angle\beta\alpha\gamma=\angle\gamma'\alpha'\beta'$（つまり，$\angle\beta\alpha\gamma=-\angle\beta'\alpha'\gamma'$）のときは,

$$\frac{\gamma-\alpha}{\beta-\alpha}=\overline{\left(\frac{\gamma'-\alpha'}{\beta'-\alpha'}\right)}$$

である. $\dfrac{\gamma-\alpha}{\beta-\alpha}=\dfrac{\gamma'-\alpha'}{\beta'-\alpha'}$ であるとはいえない.

■

問題 4-21

複素数 α, β が $\alpha+\beta=1$, $|\alpha|=|\beta|=1$ を満たすとき, $\alpha^2+\beta^2$ の値を求めたい. $\alpha+\beta=1$ の右辺の 1 は複素数としての 1 で, $1+0i$ と見る. 一方,絶対値は実数であるから, こちらは実数としての 1 である.「絶対値が 1」という条件をどう使うかにより, 様々な解法が考えられる.

(1) 実数 x, y, p, q を用いて $\alpha=x+yi$, $\beta=p+qi$ とおき, $\alpha^2+\beta^2$ を求めよ.

(2) $\alpha+\beta$ が実数であるから, 共役複素数 $\overline{\alpha}$, $\overline{\beta}$ に関する関係式を作ることができる. これらを踏まえて, $\alpha^2+\beta^2$ を求めよ.

(3) $|\alpha|=|\beta|=1$ のとき, α, β の偏角 θ, φ $(0\leqq\theta,\ \varphi<2\pi)$ を用いて
$$\alpha^2+\beta^2=2\cos(\theta-\varphi)(\cos(\theta+\varphi)+i\sin(\theta+\varphi))$$
と表されることを示せ. また, $\alpha+\beta=1$ を利用して $\cos\theta$ を求めることにより, $\alpha^2+\beta^2$ を求めよ.

(4) 複素数平面上で α, β が表す点を A, B とおく. 線分 AB の中点 M を表す複素数を求めることで, $\alpha^2+\beta^2$ を求めよ.

【ヒント】

4 つの観点のそれぞれで, 絶対値が 1 であるという情報を活かしてみよう. (3) は三角関数の「和 $\rightleftarrows$ 積」の変換を駆使しよう.

この観点がなかった人は, 改めて考えてみよう!

【解答・解説】

(1) 条件から
$$(x+p)+(y+q)i=1,\ x^2+y^2=1,\ p^2+q^2=1$$
である. 1 つ目は $x+p=1$, $y+q=0$ である. $q=-y$ であるから,
$$x^2+y^2=p^2+y^2 \quad \therefore\ (x+p)(x-p)=0$$
である. $x+p=1\neq0$ より, $p=x$ である. よって,
$$x=p=\frac{1}{2},\ q=-y=\pm\frac{\sqrt{3}}{2}$$
である. よって,

$$\alpha^2+\beta^2=\left(\frac{1+\sqrt{3}i}{2}\right)^2+\left(\frac{1-\sqrt{3}i}{2}\right)^2$$

$$=\frac{1+2\sqrt{3}i-3}{4}+\frac{1-2\sqrt{3}i-3}{4}=-1$$

(2) $|\alpha|=|\beta|=1$ から $\alpha\overline{\alpha}=\beta\overline{\beta}=1$ であり,

$$\overline{\alpha}=\frac{1}{\alpha},\ \overline{\beta}=\frac{1}{\beta}$$

である. $\alpha+\beta$ は実数であるから, $\overline{\alpha}+\overline{\beta}=\alpha+\beta$ であり,

$$\overline{\alpha}+\overline{\beta}=1 \quad \therefore \quad \frac{1}{\alpha}+\frac{1}{\beta}=1$$

分母を払うと $\alpha+\beta=\alpha\beta$ であるから, $\alpha\beta=1$ である. よって,

$$\alpha^2+\beta^2=(\alpha+\beta)^2-2\alpha\beta=1-2=-1$$

(3) $\alpha=\cos\theta+i\sin\theta,\ \beta=\cos\varphi+i\sin\varphi$ である. ド・モアブルの定理と和→積の変換により

$$\alpha^2+\beta^2=(\cos 2\theta+i\sin 2\theta)+(\cos 2\varphi+i\sin 2\varphi)$$
$$=2\cos(\theta+\varphi)\cos(\theta-\varphi)+2i\sin(\theta+\varphi)\cos(\theta-\varphi)$$
$$=2\cos(\theta-\varphi)(\cos(\theta+\varphi)+i\sin(\theta+\varphi))$$

ここで, $\alpha+\beta=1$ から

$$\cos\theta+\cos\varphi=1,\ \sin\theta+\sin\varphi=0$$

$$\therefore \quad \cos\varphi=1-\cos\theta,\ \sin\varphi=-\sin\theta$$

である. $\cos^2\varphi+\sin^2\varphi=1$ より

$$1-2\cos\theta+\cos^2\theta+\sin^2\theta=1$$

$$\cos\theta=\frac{1}{2}$$

$$\therefore \quad \theta=\frac{\pi}{3},\ \frac{5\pi}{3}$$

であり, 順に $\varphi=\frac{5\pi}{3},\ \frac{\pi}{3}$ である.

$$\theta+\varphi=2\pi,\ \theta-\varphi=\pm\frac{4\pi}{3}$$

より,

$$\alpha^2+\beta^2=2\cdot\left(-\frac{1}{2}\right)\cdot 1=-1$$

(4)　線分 AB の中点 M を表す複素数は

$$\frac{\alpha+\beta}{2}=\frac{1}{2}\left(=\frac{1}{2}+0i\right)$$

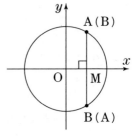

　線分 AB は単位円の弦だから，直線 OM は
線分 AB の垂直二等分線である．直線 OM は
実軸であるから，

$$(\alpha,\ \beta)=\left(\frac{1\pm\sqrt{3}i}{2},\ \frac{1\mp\sqrt{3}i}{2}\right)$$

と分かる（複号同順）．これにより，$\alpha^2+\beta^2=-1$ であることが分かる．

■

※　絶対値が 1 という条件は 4 つの観点のそれぞれで
　　1)　$x^2+y^2=1$
　　2)　共役と逆数が一致
　　3)　$\cos\theta+i\sin\theta$ とおける
　　4)　単位円上にある
という意味になった．

　また，$\alpha+\beta=1$ という条件が，4) では「中点を表す複素数を与えてくれるもの」という解釈になった．その応用としては，

$$\alpha+\beta+\gamma=0,\ |\alpha|=|\beta|=|\gamma|=1$$

という条件の扱い方が考えられる．$A(\alpha)$, $B(\beta)$, $C(\gamma)$ とするとき，3
点は単位円上にあり，$\dfrac{\alpha+\beta+\gamma}{3}=0$ である．重心が原点 $O(0)$ という
ことで，重心と外心が一致するから，三角形 ABC は正三角形である．

　これを 3) の観点で捉えようとすると，骨が折れる．

　2) で捉えると，

$$\frac{1}{\alpha}+\frac{1}{\beta}+\frac{1}{\gamma}=0\qquad\therefore\ \alpha\beta+\beta\gamma+\gamma\alpha=0$$

であり，解と係数の関係から，α, β, γ は $z^3=\alpha\beta\gamma$ の 3 つの解である．
ある複素数の 3 乗根となる 3 数だから，3 点 $A(\alpha)$, $B(\beta)$, $C(\gamma)$ は正三角
形の頂点をなす．

問題 4-22

$|z|=1$ であり，$z(z+1)$ が実数であるような複素数 z について考える．

(1) 実数 x, y を用いて $z=x+yi$ とおくことにより，z を求めよ．

(2) $\bar{z}$ を z で表すことにより，z が満たす 4 次方程式を作ることができる．その方程式を解くことで，z を求めよ．

(3) z の偏角を θ $(0 \leqq \theta < 2\pi)$ とおく．$z+1=2\cos\dfrac{\theta}{2}\left(\cos\dfrac{\theta}{2}+i\sin\dfrac{\theta}{2}\right)$ と表せることを示せ．これを利用して θ を求めよ．

(4) 単位円上で，z, z^2 が表す点 P, Q の位置関係を考えることで，z を求めよ．

【ヒント】

z が「絶対値が1」；「実数」という条件は，4つの観点のそれぞれでどう表現されるだろうか．

1) $x^2+y^2=1$；$y=0$
2) $z\bar{z}=1$；$\bar{z}=z$
3) $r=1$；$\theta=0$, π
4) 単位円上；実軸上

この観点がなかった人は，改めて考えてみよう！

【解答・解説】

(1) $x^2+y^2=1$ である．

$$z(z+1)=z^2+z=(x+yi)^2+x+yi$$
$$=x^2+2xyi-y^2+x+yi$$
$$=(x^2-y^2+x)+y(2x+1)i$$

であるから，これが実数である条件は

$$y(2x+1)=0 \qquad \therefore \quad y=0 \quad \text{または} \quad x=-\frac{1}{2}$$

である．よって，$z=\pm 1, \dfrac{-1\pm\sqrt{3}\,i}{2}$

(2) $\bar{z}=\dfrac{1}{z}$ である. このとき, $z(z+1)$ が実数である条件は

$$z(z+1)=\bar{z}(\bar{z}+1)$$

$$z(z+1)=\dfrac{1}{z}\Big(\dfrac{1}{z}+1\Big) \quad \therefore \quad z^3(z+1)=(z+1)$$

である. これが z の満たす4次方程式である. これを解くと,

$$(z+1)(z-1)(z^2+z+1)=0 \quad \therefore \quad z=\pm1,\ \dfrac{-1\pm\sqrt{3}\,i}{2}$$

であり, これらは $|z|=1$ を満たしている.

(3) $$z+1=(1+\cos\theta)+i\sin\theta$$
$$=2\cos^2\dfrac{\theta}{2}+2i\sin\dfrac{\theta}{2}\cos\dfrac{\theta}{2}$$
$$=2\cos\dfrac{\theta}{2}\Big(\cos\dfrac{\theta}{2}+i\sin\dfrac{\theta}{2}\Big)$$

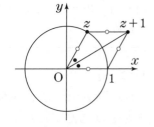

※ これが極形式であるのは, $\cos\dfrac{\theta}{2}>0$ の
ときに限られる！

$$z(z+1)=2\cos\dfrac{\theta}{2}\Big(\cos\dfrac{\theta}{2}+i\sin\dfrac{\theta}{2}\Big)(\cos\theta+i\sin\theta)$$
$$=2\cos\dfrac{\theta}{2}\Big(\cos\dfrac{3\theta}{2}+i\sin\dfrac{3\theta}{2}\Big)$$

であるから, これが実数になる条件は

$$\cos\dfrac{\theta}{2}=0 \quad \text{または} \quad \sin\dfrac{3\theta}{2}=0$$

$$\therefore \quad \theta=0,\ \dfrac{2\pi}{3},\ \pi,\ \dfrac{4\pi}{3}$$

※ $z^2=\cos2\theta+i\sin2\theta$ を利用して, 条件を

$$(z+z^2 \text{の虚部})=0$$

$$\sin\theta+\sin2\theta=0$$

$$\sin\theta(1+2\cos\theta)=0$$

$$\therefore \quad \theta=0,\ \dfrac{2\pi}{3},\ \pi,\ \dfrac{4\pi}{3}$$

と求めることもできる.

(4) $z+z^2$ が実数であるから, z^2 と z の虚部の和が0である. P, Q とも

に単位円上にあるから，PとQは，実軸について対称であるか，原点について対称である．つまり，

$$z^2 = \bar{z} \quad \text{または} \quad z^2 = -z$$

$z^2 = \bar{z}$ の両辺に z をかける．$z^2 = -z$ の両辺に $\bar{z}$ をかける．$|z| = 1$ であるから，

$$z^3 = 1 \quad \text{または} \quad z = -1$$

$$\therefore \quad z = \pm 1, \ \frac{-1 \pm \sqrt{3}\,i}{2}$$

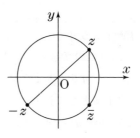

■

※ 実数であるという条件は，4）の観点では，「同一直線上」と結びつくものである．

$z(z+1)$ が実数であるとき，その値を t とおくと，

$$z(z+1) = t$$

$\bar{z} = \dfrac{1}{z}$ より，

$$z + 1 = t\bar{z}$$

であり，0，$z+1$，$\bar{z}$ が表す3点が同一直線上にある．

$z = \pm 1$ はもちろんこれを満たしている．

$z = \dfrac{-1 \pm \sqrt{3}\,i}{2}$ についても3点は同一直線上にある．

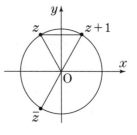

【問題 4-23】

xy平面の直線 $y=x+1$ を複素数 $z=x+yi$ を用いて表すことを考える．

(1) x, y を z と $\bar{z}$ を用いて表せ．それを利用して，$y=x+1$ を z と $\bar{z}$ の方程式として表せ．

(2) 直線 $y=x+1$ 上には点 A$(-1,\ 0)$ がある．$z \neq -1$ のとき，$z+1$ の偏角を求めよ（ただし，偏角は 0 以上 2π 未満のものを答えよ）．求めた偏角のうち最も小さいものを θ とすると，実数 t を用いて

$$z+1=t(\cos\theta+i\sin\theta) \quad \cdots\cdots \quad ①$$

と表すことができる．①の式の意味を，媒介変数 t を用いた「直線のベクトル方程式」の観点から説明せよ．

(3) B$(-1,\ 1)$ とすると，直線 $y=x+1$ は線分 OB の垂直二等分線である．このことを利用して，z が満たす方程式を作れ．また，それが(1)の方程式と一致することを確認せよ．

【ヒント】

z の実部と虚部は，z と $\bar{z}$ の和と差を用いて表せる．それを x, y の方程式に代入すると，簡単に図形の複素方程式を作ることができる．

(2)では，ベクトル $(\cos\theta,\ \sin\theta)$ が直線と平行である．$t<0$ のときは偏角が $\theta+\pi$ になることに注意しよう．

(3)では，直線 $y=x+1$ を，O，B から等距離にある点の軌跡として捉える．複素数平面での距離は，差の絶対値として表せる．絶対値の入った方程式を，(1)の z と $\bar{z}$ で表された方程式に変形するには，どうすれば良いだろうか？

この観点がなかった人は，改めて考えてみよう！

【解答・解説】

(1) $\qquad z+\bar{z}=2x$, $z-\bar{z}=2yi \qquad \therefore \quad x=\dfrac{z+\bar{z}}{2}$, $y=\dfrac{z-\bar{z}}{2i}$

より，$y=x+1$ を z と $\bar{z}$ の方程式として表すと，

$$\frac{z-\bar{z}}{2i}=\frac{z+\bar{z}}{2}+1 \quad \therefore \quad (-1+i)z+(1+i)\bar{z}+2i=0$$

（2）P(z) とすると，x 軸正の方向から反時計

回りに半直線 AP まで測った角度が $z+1$ の

偏角である．よって，$\dfrac{\pi}{4}$, $\dfrac{5\pi}{4}$ である．

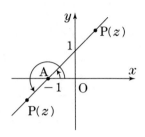

$\theta=\dfrac{\pi}{4}$ である．t に 0, 正の値, 負の値を代

入すると，順に，$z=-1$, $y>0$, $y<0$ の部

分を表す．①は

$$\overrightarrow{\mathrm{AP}}=t(\cos\theta,\ \sin\theta)=t\left(\frac{\sqrt{2}}{2},\ \frac{\sqrt{2}}{2}\right)$$

という意味で，直線 $y=x+1$ が，A を通り，ベクトル $\left(\dfrac{\sqrt{2}}{2},\ \dfrac{\sqrt{2}}{2}\right)$ と平

行な直線であることを表している，

（3）P(z) が満たす条件は

$$\mathrm{OP}=\mathrm{BP}$$
$$|z|=|z-(-1+i)|$$
$$|z|^2=|z-(-1+i)|^2$$
$$z\bar{z}=(z-(-1+i))(\bar{z}-(-1-i))$$
$$\therefore \quad (1+i)z+(1-i)\bar{z}+2=0$$

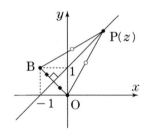

である．この式の両辺に i をかけると

$$(i-1)z+(i+1)\bar{z}+2i=0$$

となり，(1) の方程式と同じである．

∎

※ 直線 $y=x+1$ を原点の周りに $\dfrac{\pi}{4}$ だけ回転すると，直線 $x=-\dfrac{\sqrt{2}}{2}$ に

なる．つまり，$z\cdot\dfrac{1+i}{\sqrt{2}}$ の実部が $-\dfrac{\sqrt{2}}{2}$ である．これも同じ式になる．

$$z\cdot\frac{1+i}{\sqrt{2}}+\bar{z}\cdot\frac{1-i}{\sqrt{2}}=2\cdot\left(-\frac{\sqrt{2}}{2}\right) \quad \therefore \quad (1+i)z+(1-i)\bar{z}=-2$$

xy 平面で原点 O ではない異なる 2 点 A(a, b), B(c, d) があるとする. A, B を表す複素数を α, β とする. このとき, $\overrightarrow{\mathrm{OA}} \cdot \overrightarrow{\mathrm{OB}}$, $\triangle$OAB を表すものとして適当なものを次から選べ.

⓪ $\dfrac{\alpha\beta + \overline{\alpha}\overline{\beta}}{2}$　　① $\dfrac{\alpha\overline{\beta} + \overline{\alpha}\beta}{2}$　　② $\dfrac{|\alpha\overline{\beta} - \overline{\alpha}\beta|}{4}$　　③ $\dfrac{|\alpha\beta - \overline{\alpha}\overline{\beta}|}{4}$

【ヒント】

$\alpha\beta$, $\alpha\overline{\beta}$ を計算して試すと分かる. しかし, $|\arg(\alpha) - \arg(\beta)|$ がなす角に対応することに注目できれば, どちらか一方だけを計算すれば良い.

この観点がなかった人は, 改めて考えてみよう！

【解答・解説】

$$\arg(\overline{\beta}) = -\arg(\beta)$$

$$\therefore \quad \arg(\alpha) - \arg(\beta) = \arg(\alpha) + \arg(\overline{\beta}) = \arg(\alpha\overline{\beta})$$

である. ①, ② が適すると考えられるので, $\alpha\overline{\beta}$ を計算する.

$$\alpha\overline{\beta} = (a + bi)(c - di) = (ac + bd) + (bc - ad)i$$

であるから,

$$\overrightarrow{\mathrm{OA}} \cdot \overrightarrow{\mathrm{OB}} = ac + bd = \frac{\alpha\overline{\beta} + \overline{\alpha\overline{\beta}}}{2} = \frac{\alpha\overline{\beta} + \overline{\alpha}\beta}{2} \quad (①)$$

$$\triangle\mathrm{OAB} = \frac{1}{2}|ad - bc| = \frac{1}{2}\left|\frac{\alpha\overline{\beta} - \overline{\alpha\overline{\beta}}}{2i}\right| = \frac{|\alpha\overline{\beta} - \overline{\alpha}\beta|}{4} \quad (②)$$

■

※　$\overrightarrow{\mathrm{OA}} \cdot \overrightarrow{\mathrm{OB}} = 0$ は, $\alpha\overline{\beta} + \overline{\alpha}\beta = 0$ ということで, これは

$$\frac{\alpha}{\beta} + \overline{\frac{\alpha}{\beta}} = 0 \quad \therefore \quad \arg\left(\frac{\alpha}{\beta}\right) = \pm\frac{\pi}{2}$$

と書き換えることができる. まさに, OA, OB が垂直という意味である.

(1) $A(\alpha)$ を原点 O とは異なる点とする. $|z|=2|z-\alpha|$ を満たす z が表す点 $P(z)$ の軌跡は円 C である. 通常は, 両辺を 2 乗して

$$z\bar{z}=4(z-\alpha)(\bar{z}-\bar{\alpha}) \quad \cdots\cdots \quad ①$$

$$z\bar{z}-\frac{4}{3}\bar{\alpha}z-\frac{4}{3}\alpha\bar{z}+\frac{4}{3}|\alpha|^2=0 \qquad \therefore \quad \left|z-\frac{4}{3}\alpha\right|^2=\frac{4}{9}|\alpha|^2$$

と式変形する. 少し違うアプローチをしてみよう.

　円 C と直線 OA の交点 B, C を考える. これらの点を表す z は, 実数 t を用いて $z=t\alpha$ とおける. t の値を求めよ.

　円 C は線分 BC を直径とする円で, $P(z)$ は $\overrightarrow{BP}\cdot\overrightarrow{CP}=0$ を満たして動く. これが①と同じであることを確かめよ(前問の結果を用いてよい).

(2) O, $A(\alpha)$, $B(\beta)$ を頂点とする三角形は 1 辺の長さが 1 の正三角形であるとする.

$$|z|^2+|z-\alpha|^2+|z-\beta|^2=2 \quad \cdots\cdots \quad ②$$

を満たす z が表す点 $P(z)$ の軌跡を考えたい. $z=x+yi$ (x, y は実数) とおいて②に代入すると,

$$3(x^2+y^2)+ax+by+c=0$$

という形になる (確認しなくてよい). ②を満たす z を 3 つ挙げ, ②が円を表すことを確認せよ. また, ②はどのような円であるかを答えよ.

【ヒント】

　(1)の前半では, 交点を求めるから連立方程式を解くことになる. また, 後半では, 前問で考えた結果を利用して, ベクトル方程式を複素数を用いた形に書き直してみよう.

　(2)では, $|\alpha|=|\beta|=|\alpha-\beta|=1$ である. これを利用すれば, ②を満たす z を見つけることが可能である. $3(x^2+y^2)+ax+by+c=0$ は, 円, または, 1 点, または, これを満たす点が存在しない, のいずれかである. 同一直線上にない 3 点を通ることが分かれば, 円であることが確定する.

　この観点がなかった人は, 改めて考えてみよう!

【解答・解説】

(1) ①と $z=t\alpha$ を連立する．これらの解が B，C を表す．

①に代入して
$$t^2|\alpha|^2 = 4(t-1)^2|\alpha|^2$$
$$t = \pm 2(t-1) \quad \therefore \quad t = 2, \ \frac{2}{3}$$

である（$|\alpha| \neq 0$ を用いた）．2α，$\dfrac{2}{3}\alpha$ が B，C を表す複素数である．

$\overrightarrow{\mathrm{BP}} \cdot \overrightarrow{\mathrm{CP}} = 0$ は
$$\left(z-2\alpha\right)\left(\bar{z}-\frac{2}{3}\bar{\alpha}\right) + \left(\bar{z}-2\bar{\alpha}\right)\left(z-\frac{2}{3}\alpha\right) = 0$$
$$\therefore \quad 2z\bar{z} - \frac{8}{3}\bar{\alpha}z - \frac{8}{3}\alpha\bar{z} + \frac{8}{3}|\alpha|^2 = 0 \quad \cdots\cdots \quad ③$$

と書き換えられる．①は
$$3z\bar{z} - 4\bar{\alpha}z - 4\alpha\bar{z} + 4|\alpha|^2 = 0$$
であるから，③と同じ式である．

(2) ②の左辺は，$z=0$，α，β のとき，
$$|0|^2 + |-\alpha|^2 + |-\beta|^2 = 2, \quad |\alpha|^2 + |0|^2 + |\alpha-\beta|^2 = 2$$
$$|\beta|^2 + |\beta-\alpha|^2 + |0|^2 = 2$$
であるから，②が表す図形は 3 点 O，A(α)，B(β) を通る．これらは同一直線上にないから，②が表す図形は円である．

②は円で，3 点 O，A，B を通るから，三角形 OAB の外接円である．∎

※ 複素数 z の方程式では図形は分かりにくい．$z = x + yi$（x，y は実数）とおいて，どんな方程式になるかを確認することは有効である．

(1) は OP：AP＝2：1 となる点 P の軌跡で，アポロニウスの円と呼ばれるものの 1 つである．式①は $a(x^2+y^2) + bx + cy + d = 0$ という形だから，円，または，1 点，または，これを満たす点が存在しない，のいずれかである．直線 OA に関する対称性から，直線 OA との交点が分かればどのような円であるか分かる．

(2) も，式の形と通る 3 点から，三角形の外接円であることが分かった．

|問題 4-26|

以下は，a, b が複素数とすると誤りであるが，a, b が実数とすると正しい．

(ア)　$|a+bi|^2 = a^2+b^2$

(イ)　2次方程式 $x^2-ax+b=0$ が $x=\alpha$ を解にもつとき，$x=\overline{\alpha}$ も解である．

(1)　a, b が複素数のとき，$|a+bi|^2$ を正しく計算したものを，a, b, $\overline{a}$, $\overline{b}$ を用いて表せ．また，その式が a, b が実数のときに a^2+b^2 と一致することを確かめよ．

(2)　a, b が実数のとき，(イ)が正しいことを証明せよ．

【ヒント】

a, b が実数であるとき，$\overline{a}=a$, $\overline{b}=b$ である．

この観点がなかった人は，改めて考えてみよう！

【解答・解説】

(1)　　　$|a+bi|^2 = (a+bi)(\overline{a}+\overline{b}(-i)) = |a|^2+|b|^2+(\overline{a}b-a\overline{b})i$

a, b が実数のときは $\overline{a}=a$, $\overline{b}=b$, $|a|^2=a^2$, $|b|^2=b^2$ であるから

$$|a+bi|^2 = a^2+b^2+(ab-ab)i = a^2+b^2$$

(2)　2次方程式 $x^2-ax+b=0$ が $x=\alpha$ を解にもつとき，

$$\alpha^2-a\alpha+b=0 \qquad \therefore \quad \overline{\alpha}^2-\overline{a}\,\overline{\alpha}+\overline{b}=0$$

が成り立つ．a, b が実数のとき，$\overline{a}=a$, $\overline{b}=b$ であるから

$$\overline{\alpha}^2-a\overline{\alpha}+b=0$$

が成り立ち，$x=\overline{\alpha}$ も $x^2-ax+b=0$ の解である．

■

※　(2)で α が実数のときはどうなるだろう？

$x=\overline{\alpha}$ も解ではあるが，$\overline{\alpha}=\alpha$ である．$\alpha+\beta=a$, $\alpha\beta=b$ を満たすもう1つの解 β があって，$\overline{\beta}$ も解である（α, a, b が実数なので，β も実数）．ただし，重解で $\alpha=\beta$ の可能性もある．

あとがき

これまでの数学とこれからの数学は大きく異なる.

数学が苦手な人にとって，基本知識の定着，繰り返し学習と，苦行でしかなかった数学の勉強. 正しいイメージ付けを重視し，現象として定性的に数学を捉えられることが，これからの数学学習で重視されなければならない. これが数学嫌いを減らすチャンスになるかも知れない.

本シリーズは，そのことを伝える問題集として作成してきた. その最終段階である本書では，数学Ⅲのハードな計算をすることをいとわず，重量感のある問題もたくさん入れた. これまで通りの，頭を使わないと答えられないような引っかけ問題や，嫌がらせの要素も盛り込んだ. これらが数学概念の深い理解につながってくれるように祈っている.

何度も繰り返し解いて定着させるような問題集ではないが，嫌がらせ対応モードで数学に接する機会は少ないので，忘れたころに解き直してもらえるのは良いことだ. その際も，できるだけ記憶を頼りにせず，よく問題を読んで，慎重に判断し，正しく推論してもらいたい.

本書が新時代の高校数学の1つの基準となれば，筆者として嬉しく思う.

本書の作成にあたり，東京出版の飯島康之さん，坪田三千雄さんには企画から内容の吟味までお世話になりました. また，多くの問題は尊敬すべき数学仲間のみなさんのアイデアを元に作成させてもらいました.

これまで関わったすべての方々に感謝申し上げ，本書を捧げます. ありがとうございました.

著者紹介：
吉田　信夫（よしだ・のぶお）

1977 年　広島で生まれる
1999 年　大阪大学理学部数学科卒業
2001 年　大阪大学大学院理学研究科数学専攻修士課程修了
　　　　2001 年より研伸館にて，2022 年からはお茶の水ゼミナール (お茶ゼミ√ +)
　　　　にて，主に東大・京大・医学部などを志望する中高生への大学受験数学を
　　　　担当する．研伸館では，灘校の生徒を多数指導してきた．
　　　　そのかたわら，「大学への数学」などの雑誌での執筆活動も精力的に行う．
　　　　著書『複素解析の神秘性』(現代数学社 2011),『ユークリッド原論を読み解く』
　　　　(技術評論社 2014),『超有名進学校生の数学的発想力』(技術評論社 2018)
　　　　など多数．

　　東京出版から刊行のこのシリーズは
　　　ほぼ計算不要の　思考力・判断力・表現力トレーニング　数学 IA
　　　ちょっと計算も必要な　思考力・判断力・表現力トレーニング　数学 II
　　　できるだけ計算しない　思考力・判断力・表現力トレーニング　理系微積分
　に続く 4 作目．

敢えて計算も辞さない

思考力・判断力・表現力トレーニング
数学BC

令和5年4月17日　第1刷発行

著　者　吉田　信夫
発行者　黒木憲太郎
発行所　株式会社 東京出版
　　　　〒150-0012 東京都渋谷区広尾3-12-7
　　　　電話：03-3407-3387　振替：00160-7-5286
　　　　https://www.tokyo-s.jp/

印刷所　株式会社 光陽メディア
製本所　株式会社 技秀堂
　　　　落丁・乱丁本がございましたら，送料弊社負担にてお取り替えいたします．

（定価はカバーに表示してあります）